国家级职业教育规划教材
人力资源和社会保障部职业能力建设司推荐
全国中等职业技术学校烹饪专业教材

西餐原料知识

XICAN YUANLIAO ZHISHI

谢飞明 主编

GUOJIA ZHIYE JIAOYU GUIHUA JIAOCAI
RENLI ZIYUAN HE SHEHUI BAOZHANGBU ZHIYE NENGLI JIANSHESI TUIJIAN
QUANGUO ZHONGDENG ZHIYE JISHU XUEXIAO PENGREN ZHUANYE JIAOCAI

中国劳动社会保障出版社

简介

本教材为全国中等职业技术学校烹饪专业国家级规划教材，由人力资源和社会保障部教材办公室组织编写。

本教材共分六章，对西餐原料作了概述，着重讲解了畜类原料及其制品，禽类原料及蛋品，水产品类原料，谷类、蔬菜与果品类原料，调味品原料的相关知识，是中职烹饪专业学生学习和掌握西餐烹饪原料知识的适用教材。

本教材由谢飞明主编，彭慧玲、刘淑芬参加编写，黄德勇审稿。

图书在版编目(CIP)数据

西餐原料知识/谢飞明主编. -- 北京：中国劳动社会保障出版社，2018

全国中等职业技术学校烹饪专业教材

ISBN 978-7-5167-3343-1

Ⅰ.①西… Ⅱ.①谢… Ⅲ.①西式菜肴-烹饪-原料-中等专业学校-教材 Ⅳ.①TS972.118

中国版本图书馆 CIP 数据核字(2018)第 080856 号

中国劳动社会保障出版社出版发行

(北京市惠新东街 1 号　邮政编码：100029)

*

北京市艺辉印刷有限公司印刷装订　新华书店经销

787 毫米×1092 毫米　16 开本　11 印张　198 千字

2018 年 7 月第 1 版　2026 年 1 月第 7 次印刷

定价：28.00 元

营销中心电话：400-606-6496

出版社网址：http://www.class.com.cn

http://jg.class.com.cn

前言

全国中等职业技术学校烹饪专业教材出版至今已有十五年，其间，根据行业的发展以及职业学校教学需求的变化，我们先后对教材进行了两次修订和增补，使得教材内容不断更新，体系逐步完善。

在新一轮教材修订工作中，我们收集了餐饮企业对技能型人才的具体要求及学校对教材使用的反馈意见，并组织一线骨干教师和行业专家进行充分研讨，确定重点做好以下几方面工作：

第一，完善教材体系。依据部颁《技工院校烹饪（西式烹调）专业教学计划和教学大纲（2016）》，补充开发了《西餐原料知识》《西餐原料加工技术》《西餐烹调技术》《西餐烹调工艺实训》《西式面点技术》《西式面点工艺实训》和《西餐厨具及设备》等教材。扩充后，整套教材更加丰富，也更加便于学校选用。

第二，更新教材内容。对上一版教材中的部分内容进行了调整、补充和更新，体现当今餐饮行业发展的新标准、新技术、新设备和新方法。为加强学生职业素质的培养，本版教材更加强调食品安全和卫生法律法规以及厨房安全操作规范，同时增加了饮食文化、食疗保健等内容。

第三，加大技能训练比重。技能课教材更新和增加了大量的操作案例，工艺过程讲解更加详细，方便教师开展一体化教学。

第四，改进教材的表现形式。增加了图表的运用、彩色插页以及四色印刷教材的数量，使烹饪原料的识别、工艺过程的描述、设备工具的使用等更加直观生动。

本套教材的修订工作得到了北京、江苏、浙江、山东、河南、广东、四川等省、市人力资源和社会保障厅（局）及有关学校的大力支持，教材的编审人员做了大量的工作，在此，我们表示诚挚的谢意！

人力资源和社会保障部教材办公室

目录

第一章 西餐原料概述

学习目标

1. 了解西餐原料的基础知识，掌握影响西餐原料质量的因素
2. 明确西餐原料在烹饪中的重要性
3. 明确本课程在西餐制作中的重要性

西餐原料知识是西式烹调专业的一门基础学科，它以西餐中经常使用的烹饪原料为研究对象，对这些原料的外形结构、产地、上市季节、品种鉴定和储存方法等方面的知识进行综合阐述。

一、西餐原料基础知识

制作西餐使用的原料主要有畜类、禽类、水产品类、奶制品、蔬菜、水果和调味辛香料等。西餐原料中畜肉以牛肉为最多，其次是羊肉和猪肉。西餐中用到的奶制品也非常多，如忌廉、黄油、奶酪等。学习西餐原料知识，就是要了解、掌握西餐原料的名称、产地、外部特征、性质特点、烹饪用途、品质鉴定及储存保鲜、营养等方面的知识，只有了解、掌握了这些基础知识，才能对烹饪原料进行科学、合理的使用。

1. 西餐原料的产地与产季

(1) 产地

产地指烹饪原料的出产地区。烹饪原料品种繁多，各国及地区都有自己的物产和特产，了解烹饪原料的产地对原料的选择、加工及菜点制作具有借鉴和指导作用。

(2) 产季

产季指烹饪原料在自然环境中的最佳出产季节。不同原料所适应的生长环境不同，因而出产的季节也不同，同种原料也有其最佳出产时段。掌握原料的产季知识，可为我们在烹饪时及时选料提供理论依据。

2. 烹饪原料的品种特点及烹饪用途

(1) 品种特点

烹饪原料的品种特点指烹饪原料的色泽、外观形态、组织结构、化学成分、口味和质地等。为了烹制出色、香、味、形俱佳的菜点，首先是要正确选料，因烹饪原料的品种较多，且各有其不同的外部特征、质地、口味等，有的多性兼之，即使同一种原料也有着不同的特点。例如，同样是牛肉，前肩肉眼（1～5 肋骨之间）由于脊肉部分较少，肉质不如肋骨肉眼（6～12 肋骨之间）鲜嫩。因此，只有掌握每一种原料的品种特点及原料各部分的性能差异，才能为烹饪原料寻求最佳的调味方法、初加工方法和烹饪方法，最大限度地发现原料的物性之美。

(2) 烹饪用途

烹饪用途指烹饪原料适用的最佳烹饪方法。烹饪原料是供烹饪时使用的物质材料，不同原料有不同的特性，研究原料的烹饪用途，就是寻求与原料性质相适应的烹饪方法，最大限度地突出原料所具有的口感、滋味和特殊风味，做出色、香、味、形俱佳的菜点。

3. 西餐原料的分类

西餐原料常用的分类方法如下：

西餐原料分类
- 畜类原料及制品原料：牛肉、羊肉、猪肉、牛奶等
- 禽类原料及蛋品原料：鸡、鸭、鹅、蛋品等
- 水产品类原料：淡水鱼、海产品等
- 谷类、蔬菜与果品类原料：粮食类、蔬菜类、果品类等
- 调味品原料：食盐、醋、酒等

4. 烹饪原料的储存保鲜

在烹饪中对于鲜活原料应现买现用，以防存放时间过长引起原料干老、变色，甚至腐败而降低原料的使用价值。鲜活原料库存也不宜过多，对于那些不能使用完的原料一般采用低温保存法（最常用）、高温保存法、腌渍和烟熏、脱水干制、密封、气调、辐射、保鲜剂、活养等储存方法。

二、影响烹饪原料质量的因素

烹饪原料必须具备三个要素：营养价值、良好的口味和口感、食用安全性。影响菜点品质的主要因素有两个：一是原料的品质，二是烹饪技艺。因此，原料的品质鉴定与选料尤为重要。

1. 品质鉴定的内容

（1）原料的固有品质

原料的固有品质指原料本身必须具备的结构形态、营养价值、口味、质地等（与原料的品种、产地、收获季节及时间等有关）。

（2）原料的新鲜度

原料的新鲜度是鉴别原料质量最基本的标准（与保鲜储存方法、存放时间有关），主要表现在形态、色泽、水分、质地、气味、清洁卫生等方面。

2. 烹饪原料鉴定的基本方法

烹饪原料鉴定可分为理化鉴定和感官鉴定两种方法：

（1）理化鉴定

理化鉴定是指利用物理、化学、微生物等知识，并借助相关仪器对烹饪原料质量的优劣进行鉴定的方法。

（2）感官鉴定

感官鉴定是指运用眼、耳、鼻、舌、手等器官去感受原料的外部特征，鉴定出原料质量的优劣，是最为简便、实用、迅速、有效的一种鉴定方法，要求鉴定者有一定的经验。在实际运用中，鉴定者往往需要依靠视觉、嗅觉、听觉、味觉和触觉若干种感觉的配合，才能鉴定出某些原料质量的优劣，鉴定者需要反复实践，才能积累丰富

的经验。

三、烹饪原料在西餐烹饪中的重要性

西餐烹饪原料是西餐烹饪学科体系中阐述西餐烹饪原料种类、性质、组织结构、营养特点及在烹饪中应用规律的学科，是西餐烹饪专业学生必须学习的一门专业基础课。本课程的学习，对科学、合理地利用烹饪原料，掌握烹饪技艺和提高西餐烹饪理论水平都具有十分重要的作用。

思考与练习

1. 西餐烹饪原料研究的主要内容包括哪些方面？
2. 西餐烹饪原料的分类方法有几种？分别列举说明。

第二章

畜类原料及其制品

学习目标

1. 了解畜类原料的基础知识，掌握影响畜类原料质量的因素及品质选鉴

2. 明确畜类原料在西餐烹饪中的用途

畜类原料主要指牛肉、羊肉、猪肉，其制品主要指香肠、腌肉等肉制品及乳制品。畜类原料是制作西餐菜肴的主要原料之一，以牛肉的用量最大，其次是羊肉、猪肉。畜类原料必须经过相关部门检疫合格并盖有“检验合格”戳后才能使用。

第一节 畜类原料的组织结构

畜类原料的组织结构分为结缔组织、肌肉组织、脂肪组织和骨骼组织四大部分。

一、结缔组织

1. 结缔组织的组成

结缔组织由无定形的基质与纤维构成，占胴体的 15%～20%。

2. 结缔组织的特点

结缔组织的纤维由胶原纤维、弹性纤维和网状纤维构成，属于不完全蛋白质。胶原纤维在 70～100℃ 时可以溶解成明胶，冷却后成冻胶，可被人体消化，如皮、肌腱等含胶原纤维较多，在烹调中可制成皮冻。弹性纤维富有弹性，不易水解，难消化，营养价值低，主要分布于血管、韧带等结缔组织中。结缔组织具有坚硬、难溶和不易消化的特点，营养价值较低。

3. 结缔组织的分布

结缔组织在畜体中分布极广，如皮、腱、肌鞘、韧带、膜、血管、淋巴管、神经等都有分布。结缔组织在畜体中的分布规律是前多后少、下多上少，如前腿、颈部、肩胛处结缔组织较多。

二、肌肉组织

1. 肌肉组织的组成

肌肉组织由肌纤维构成，是构成畜肉原料的主要组成部分，占胴体的 50%～

60%。

2. 肌肉组织的特点

肌肉组织由肌纤维组成，肌纤维又分为横纹肌、平滑肌、心肌。横纹肌分布于皮肤下层和躯干的一定位置，附着于骨骼上，受运动神经的支配，所以又称为骨骼肌或随意肌。动物体所有的瘦肉都是横纹肌。横纹肌由许多肌原纤维集合构成肌纤维，肌纤维具有细胞结构，所以也称肌纤维细胞。每个肌纤维细胞的外部都包着一层透明而有弹性的肌膜，其中有细胞原生质，也称肌浆，俗称“肉汁”。肉汁呈半液体状，为红色低黏度溶胶，内含水溶性蛋白质和糖原、脂肪滴、维生素、无机盐、酶类，营养极为丰富，所以在制作菜肴时应尽量防止肉汁流失。

许多肌纤维集合形成肌纤维束，简称肌束，肌束周围被结缔组织的膜包围，这种膜被称为内肌鞘。许多肌束集合起来形成肌肉，肌肉的周围被强韧性的结缔组织的膜包围起来，这种膜称为外肌鞘。内外肌鞘与腱相连接，在内外肌鞘中分布有血管、淋巴、神经、脂肪等。

平滑肌也称骨脏肌，主要构成消化道、血管、淋巴等内脏器官的管壁，肌纤维间有结缔组织。心肌是构成心脏组织的肌肉，平滑肌与心肌又合称为脏肌，属不随意肌。平滑肌由于有结缔组织的渗入而不能形成大块肌肉，但平滑肌有韧性，特别是肠、膀胱等处的平滑肌韧性和坚实度较强，使肠、膀胱成为灌制品的重要原料。

三、脂肪组织

1. 脂肪组织的组成

脂肪组织由退化的疏松的结缔组织和大量的脂肪细胞积聚而成，占胴体的20%～40%。

2. 脂肪组织的特点

脂肪组织由脂肪细胞构成，每个脂肪细胞的外层都有一层脂肪细胞膜，膜里有凝胶状的原生质细胞核，中间为脂肪滴。在细胞之间有网状的结缔组织相连。故要获得动物油脂必须通过加热等手段破坏其结缔组织。

3. 脂肪组织的分布

脂肪组织一部分蓄积在皮下、肾脏周围和腹腔内，称为贮备脂肪；另一部分蓄积在肌肉的内、外肌鞘，称为肌间脂肪。例如，肉的断面呈淡红色，并带有淡白的大理石花纹，这说明肉肌间脂肪多，肉质柔嫩，食用价值高。

四、骨骼组织

1. 骨骼组织的组成

骨骼组织是动物机体的支持组织，包括硬骨和软骨。硬骨又分为管状骨和板状骨，管状骨内有骨髓。骨骼的构造一般包括密质的表面层、海绵状的骨松质内层和充满骨松质及骨腔的髓，其中红骨髓是造血组织，黄骨髓是脂肪组织。

2. 骨骼组织的特点及分布

不同的家畜其骨骼组织所占胴体的比例不同：猪占5%～9%，牛占7.1%～32%，羊占8%～17%。骨骼在胴体中所占比例越大，肉所占的比例就越小，因此含骨骼组织多的肉，质量等级低。骨骼是西餐烹调中制汤的重要原料，骨骼中含有一定数量的钙、磷、钠等矿物质以及脂肪、生胶蛋白，所以煮出来的汤味鲜、有营养，冷冻后能凝成冻。

畜类原料

一、牛肉

西餐中使用的牛肉分为牛肉和小牛肉两种。

1. 牛肉

牛肉（Beef）营养丰富，含有大量的蛋白质、氨基酸和微量元素，是西餐烹调中最常用的原料，因此西餐对牛肉原料的选用非常讲究。目前，世界上已培育出了很多品质优良的肉用牛品种，如法国的夏洛来牛（Charoais）、利木赞牛（Limousine），瑞士的西门答尔牛（Simmental），英（美）国的安格斯牛（Angas），日本的神户牛等，如下图所示。这些肉用牛出肉率高，肉质鲜嫩，品质优良，现已被引入世界各地，广泛饲养。美国、澳大利亚、德国、新西兰、阿根廷等国均为牛肉生产大国。

夏洛来牛

利木赞牛

西门答尔牛

安格斯牛

神户牛

由于各地区饲养的肉用牛品种、饲养方法及饲料等方面的差异，各地区牛肉的质量、口味等也不尽相同。品质上乘的牛肉主要有日本神户牛肉和美国安格斯牛肉，其次是阿根廷牛肉、澳大利亚牛肉和新西兰牛肉等，其中日本神户牛肉肉质细腻、纹理清晰、红白分明、肥瘦相间，是目前世界上品质最好的牛肉，如下图所示。

日本神户牛肉

美国安格斯牛肉

阿根廷牛肉

澳大利亚牛肉

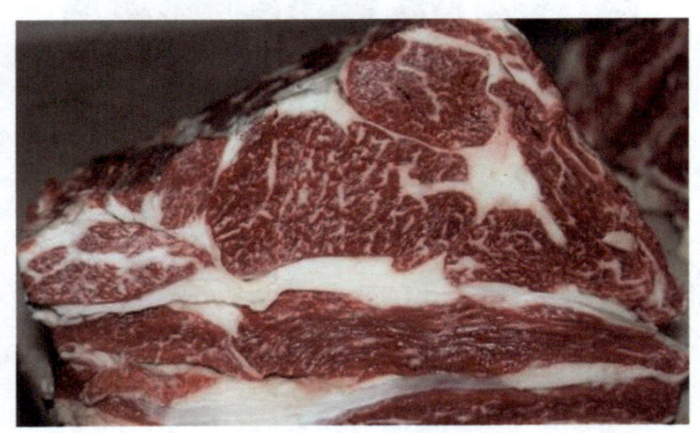
新西兰牛肉

肉用牛一般以生长期在 2～3 年的肉质最好，这个时期的牛肌体饱满，肌肉紧实、细嫩，皮下脂肪和肌间脂肪较多，最适宜宰杀。宰杀时应根据其部位的划分进行分档取料，以物尽其用。牛的分档结构如下图所示。

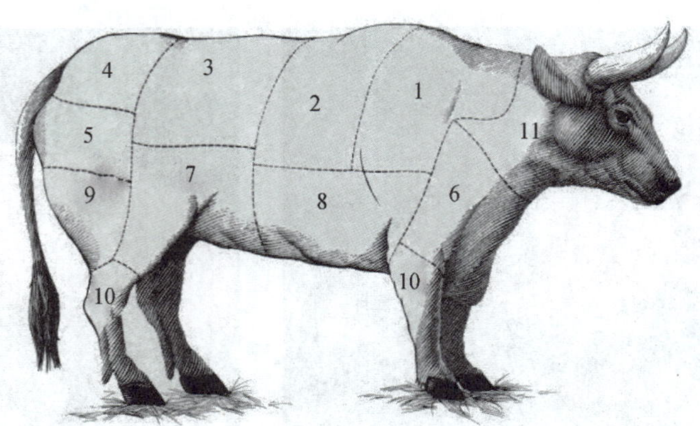

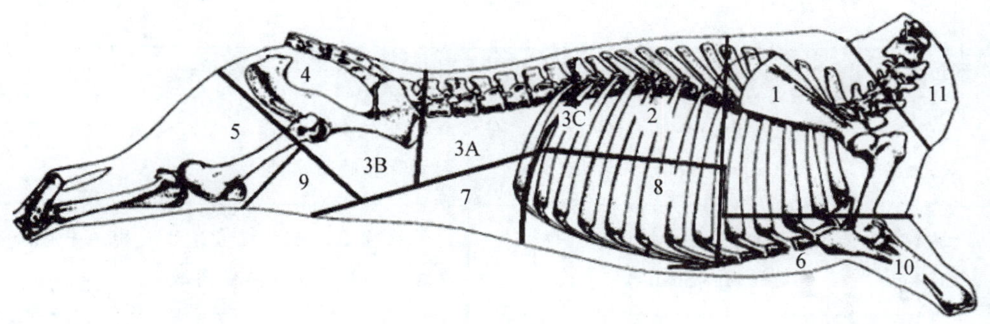

1—上脑（Chuck Rib） 2—肋骨（Rib） 3A—短腰部（Short Loin） 3B—腰脊部（Sirloin）
3C—里脊（Beef Fillet/Tenderloin） 4—米龙（Rump） 5—后臀部（Round） 6—胸口（Brisket）
7—牛腩（Thin Flank） 8—硬肋（Plate） 9—腰窝（Thick Flank） 10—牛腱子（Shank）
11—颈肉（Sticking Piece）

牛的分档结构图

【烹饪用途】牛肉部位及其烹饪用途见表2—1。

表2—1 牛肉部位及其烹饪用途

部位名称	细分部位	烹饪用途
上脑（Chuck Rib）	包括颈部肉、肩甲肉、肩胛小排	此部位纤维较粗，适合慢煮、炖或烩，多用于制成牛绞肉（如汉堡肉），肉少骨多的可用来熬煮高汤
肋骨（Rib）	主要由6～7根较规则的肋骨和脊肉构成	适用于长时间烹调，如烧烤、煮、焖等；不带骨的肋骨牛肉则适合短时间的烹调，如炭烤、煎等
短腰部（Short Loin）	前腰肉（Short Loin） T骨牛排（T—Bone Steak）	在肋骨中间有少量的脂肪生成，是牛肉中最贵的部分，肉嫩少油多汁，适合短时间的烹调方式（煎、烧烤、铁扒等）。T骨牛排适用于炭烤或煎
腰脊部（Sirloin）	沙朗肉（Sirloin）	上腰部（Sirloin）肉质鲜嫩，仅次于里脊肉，适宜烤、铁扒、煎等
里脊（Beef Fillet/Tenderloin）	牛腓利（Fillet）位于牛腰部内侧，左右各有一条	里脊是牛肉中肉质最鲜嫩的部位，适宜烤、铁扒、煎等
米龙（Rump）	又称三叉，位于牛尾根部，前接外脊	肉质较嫩，表面有肥膘，最好的肉质适宜铁扒、煎，较次的肉质则适宜烩、焖等

续表

部位名称	细分部位	烹饪用途
后臀部（Round）	主要由两块肌肉组织构成，仔盖（Silver Side）又称银边	肉质较嫩，油脂较多，适用于烩、烧烤、焖煮等长时间烹调
胸口（Brisket）	前胸肉（Brisket） 前腿肉（Shank）	纤维较粗，适合慢煮、炖或烩。牛膝含有丰富的胶质，适合熬煮高汤
牛腩（Thin Flank）	牛腩（Thin Flank）又称薄腹	肉层较薄，有白筋，需要长时间烹调，适宜烩、煮及制作香肠等
硬肋（Plate）	牛小排（Short Rib）位于牛的胸腔左右两侧，含肋骨部分 牛绞肉（Ground Beef）	牛小排肉质鲜美，有大理石纹，适合烤、煎、炸、红烧。牛绞肉肉质肥瘦相间，适宜制作香肠、培根
腰窝（Thick Flank ）	又称后腹，指靠近牛肋处的松软肌肉	肉质较嫩，适宜烩、焖、红烧或炖汤
牛腱子（Shank）	牛前、后腱子（Shank）	肉质较老，适宜烩、焖及制汤
颈肉（Sticking Piece）	牛颈肉（Sticking Piece）	肉质较差，适宜烩及制作香肠等
其他	牛尾、内脏、牛骨等	内脏适合炒、焖、烩的方式，而牛骨、牛尾适合熬煮汤

【品质鉴选】首先，根据牛的品种优良程度进行选择，牛肉一般色泽暗红，脂肪呈微黄色，肌肉纤维明显，鲜肉有特有的腥膻味。其次，应根据不同的烹调方法和菜品要求选择不同部位的牛肉。

牛肉品质的感官鉴别方法：

一看：看牛肉皮有无红点，无红点者是好肉；看肌肉，新鲜牛肉有光泽，红色均匀，较差的牛肉肉色较暗；看脂肪，新鲜牛肉的脂肪洁白或淡黄色，较差的牛肉脂肪缺乏光泽，变质牛肉脂肪呈绿色。

二闻：新鲜牛肉具有正常的腥膻气味，较差的牛肉有一股氨味或酸味。

三摸：一是摸弹性，新鲜牛肉有弹性，指压后凹陷处立即恢复；次品牛肉弹性较差，指压后的凹陷处恢复很慢，甚至不能恢复；变质牛肉无弹性。二是摸黏度，新鲜牛肉表面微干或微湿润，不黏手；次新鲜牛肉外表干燥或黏手，新切面湿润黏手；变质牛肉严重黏手，外表极干燥。有些注水严重的牛肉也完全不黏手，但可见其外表呈水湿样，不结实。

【注意事项】牛肉相对较粗老，加工时应横筋切，以保证其鲜嫩的口感。另外，牛肉本身有较重的腥膻味，可在烹调前进行相关处理。

2. 小牛肉

小牛肉（Veal）又称牛仔肉、牛犊肉，是指生长期在 3～10 个月经宰杀获得的牛肉，其中饲养 3～5 月龄的又称为乳牛肉或白牛肉，英文为 White Veal。饲养 5～10 月龄的称为小牛肉或牛仔肉。

小牛生长期不足 3 个月时，其肉质中水分太多，不宜食用。3 个月以后，小牛肉质日渐纤细，味道鲜美，特别是 3～5 月龄的乳牛，由于此时尚未断奶，其肉质更加细嫩、柔软，富含乳香味。小牛一般生长期过了 12 个月，则肉色变红，纤维逐渐变粗，此时的牛肉已不能再称为小牛肉了。

小牛肉肉质细嫩、柔软，脂肪少，味道清淡，是一种高蛋白、低脂肪的优质原料，在西餐烹调中应用广泛，尤其以意式菜、法式菜更为突出。小牛除了部分内脏外，其余大部分部位都可以作为烹调原料。

小牛的分档结构如下图所示。

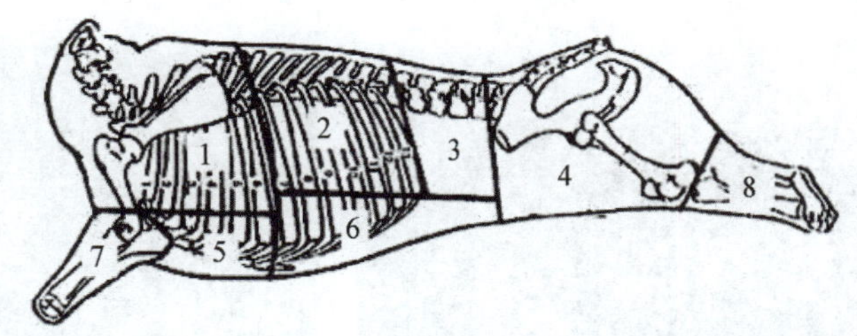

1—前肩（Veal Shoulder） 2—肋部（Veal Rib） 3—腰部（Veal Loin）
4—后腿（Veal Leg） 5—胸口（Veal Breast） 6—腹部（Veal Flank）
7，8—腱子（Veal Shank）
小牛分档结构图

【品质鉴选】在挑选小牛肉时，应注意观察肉的颜色，肉的颜色越白表明喂养牛奶的比率越高，其肉质也越柔嫩。因小牛肉脂肪较少，很容易变干，所以烹调时必须有油脂的补充。

【注意事项】烹调加工时忌过火，以保证小牛肉鲜嫩的口感。另外，牛肉本身有较重的腥膻味，可在烹调前进行相关处理。

二、羊肉

在西餐烹调中，羊肉的应用仅次于牛肉。羊肉在西餐烹调中有羔羊肉（Lamb）和成羊肉（Mutton）之分。羔羊是指生长期在 3 个月至 1 年的羊，其中没有食过草的羔羊又被称为乳羊（Milk Fed Lamb）；成羊是指生长期在 1 年以上的羊。西餐烹调中主要使用羔羊肉。

羊的种类很多，其品种类型主要有绵羊、山羊和肉用羊等，其中以肉用羊的肉品质最佳。肉用羊大都是用绵羊培育而成，其体型大、生长发育快、产肉量高，肉质细嫩、肌间脂肪多，切面呈大理石花纹，肉用价值高于其他品种。较著名的品种有无角多赛特、萨福克、德克塞尔及美利奴、夏洛来等肉用绵羊，如下图所示。

无角多赛特

萨福克

德克塞尔

美利奴

夏洛来

羊肉的肉质与牛肉相似，但肉味较牛肉要浓些；较猪肉的肉质要细嫩。羊肉的脂肪、胆固醇含量比猪肉和牛肉少。目前，澳大利亚、新西兰是世界主要的肉用羊生产国。我国的羊肉市场供应主要以绵羊肉为主，山羊肉因其膻味较大，故相对较少。

羊的分档结构如下图所示。

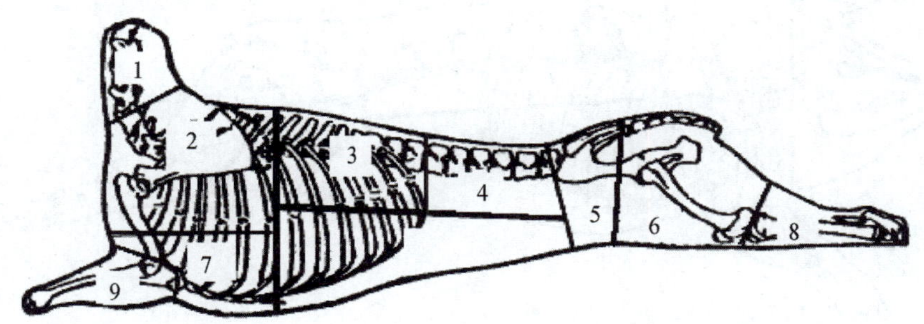

1—颈部（Neck） 2—前肩（Shoulder） 3—肋背部（Rib/Best End）
4—腰脊部（Loin/Saddle） 5—上腰（Sirloin/Chump） 6—后腿（Leg）
7—胸口（Brisket） 8，9—腱子（Shank）

羊的分档结构图

【烹饪用途】羊肉部位及其烹饪用途见表 2—2。

表 2—2 羊肉部位及其烹饪用途

部位	细分部位	烹饪用途
前半部	颈肉（Scrag）	适用于烧、烤、焖、烩
	肩肉（Shoulder）	适用于烧、烤、煎、焖、烩、煮
	羊小排（Cutlet）	适用于炸、煎、扒
	胸肉（Breast）	适用于烧、烤、焖、烩
后半部	里脊肉（Loin）	适用于烧、扒、炸、焗
	腿肉（Leg）	适用于烧、烤、煎、扒、煮
	小肋排（Riblets）	适用于炸、烤、煎

【品质鉴选】越小的羊其肉质越嫩，价格也越贵。品质好的羊肉应呈粉红色，且含有品质较好的白色脂肪。

【注意事项】羊肉烹调前需长时间放置让肉质“排酸成熟”。将宰杀后的羊迅速冷却，在 0～4℃ 的条件下放置 8～24 小时，让羊肉排空残余的血液及大部分体液，这个过程称为冷却排酸，经过排酸的羊肉口感更加鲜嫩。

三、猪肉

猪是杂食动物，饱食少动，因而与其他畜类的肉质相比，肌肉纤维细而柔软，肉味较淡。猪瘦肉中蛋白质含量约为 20%，并富含 B 族维生素；结缔组织少而柔软；脂肪组织蓄积多，肥膘厚，而且肌肉脂肪的含量也较其他畜肉多；猪的脂肪熔点较低，风味良好，且易被人体消化吸收；猪肉本身无腥膻味，且持水率较高。所以，猪肉适用的烹调范围广，烹调出的菜肴滋味较好、肉质细嫩、气味醇香。

猪的分档结构如下图所示。

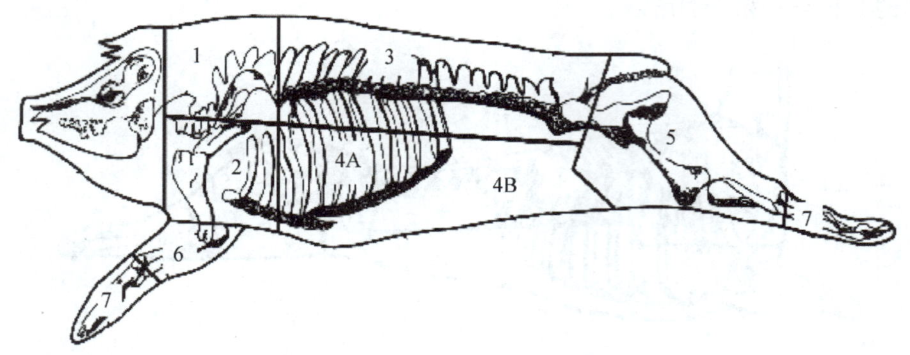

1—上脑（Blade Shoulder） 2—前胛肉（Arm Shoulder） 3—外脊（Pork Loin）/里脊（Pork Tender Loin）
4A—硬肋（Spare Rib） 4B—软肋（Belly Rib） 5—后腿部（Pork Leg） 6—猪肘子（Hock）
7—猪蹄（Trotter）

猪的分档结构图

【烹饪用途】猪肉部位及其烹饪用途见表 2—3。

表 2—3 猪肉部位及其烹饪用途

部位	细分部位	烹饪用途
肩胛肉（Shoulder）	上脑及前胛肉	适用于烧、烤、焖
里脊肉（Loin）	外脊和里脊	适用于烧、扒、炸、焗
腹肉（Belly）	硬肋及软肋	通常制成培根、香肠，适用于铁扒或焗、烤
腿肉（Leg）	前腿肉及后腿肉	适用于烧、烤、煎
肋排骨（Spare Rib）	取自猪的前半段	适用于烧、扒、炸、烤

【注意事项】猪肉不宜长时间泡水；猪肉一般用冷水清洗，不宜用热水清洗，热水会溶解掉猪肉中的肌溶蛋白，影响食用口感。因猪肉中有时会有寄生虫，基于安全考虑，在烹调时必须全熟。

四、鹿肉

世界上共有 40 多种鹿，分布在新西兰、北欧、俄罗斯及我国的新疆、黑龙江等地，能食用的主要是赤鹿、马鹿、白唇鹿、麋鹿、梅花鹿、水鹿等，如下图所示。西餐烹饪中，赤鹿、麋鹿因其肉质较老，适合做扒制菜肴，而粗壮肥嫩的马鹿口感最佳。鹿肉呈深红色，有股特别柔和的味道，与其他肉类相比，鹿肉很瘦，几乎没有多余的脂肪和油脂，但营养价值较高。

赤鹿

马鹿

白唇鹿

麋鹿

【烹饪用途】西餐中鹿肉可以制作“鹿肉扒”和“鹿肉刺身”，也可以制作意大利“焖鹿腿”“烤鹿肉”等。鹿外脊很嫩，可以用来烤、煎或扒；鹿鞍一般也可以烤；鹿腿肉一般先用红酒腌制，然后用多种方法来烹制；其他部位的鹿肉可以用来煨、烩或用来制作香肠或肉批。

【注意事项】老的鹿肉需要烹制的时间较长才能酥烂，嫩的鹿肉可以烹制的时间短些。

五、兔肉

兔有野兔和家兔之分。兔肉具有特殊的食用价值，是理想的保健、美容、滋补食品，欧洲各国素有食兔肉的传统。兔肉与其他肉类相比，具有“三高”“三低”的营养特点，“三高”即蛋白质含量高、矿物质含量高、消化吸收率高，“三低”即脂肪含量低、胆固醇含量低、能量低。

【品质鉴选】野兔肉色暗红，脂肪较少，肉质较硬，但味道浓厚。生长期短的、特别是3～8个月，体重2.5～3.5千克的野兔，肉质柔软，味道最为鲜美。家兔肉色粉红，肉质柔软。

【烹饪用途】兔肉可整只烤制，也可小块焖制。兔的背脊肉比较鲜嫩，可以煎或烤，也可整根带骨来煨，如“红酒烩野兔”“法式芥末奶油汁炖兔肉”等。

【注意事项】老的兔肉需要烹制的时间较长才能酥烂，嫩点的兔肉可以整个直接烤过食用。

六、畜肉的品质鉴定与保鲜方法

1. 畜肉的品质鉴定

家畜经宰杀后，在自身酶的作用下会相继发生僵直、成熟、自溶和腐败等现象，其中成熟阶段的肉肉质最为鲜美，自溶阶段的肉开始变质，腐败阶段的肉不能食用。

畜肉的品质鉴定方法包括感官鉴定、理化鉴定、微生物与寄生虫鉴定等，鉴定的主要内容包括畜肉新鲜度检验、异常肉检验和寄生虫检验。烹饪中常用的是针对肉的新鲜度的检验方法，即感官鉴定法。

畜肉品质的感官鉴定方法及指标见表 2—4 和表 2—5。

表 2—4　　新鲜猪肉的感官鉴定方法及指标

类别 特征	新鲜肉	不新鲜肉	变质肉（不能食用）
色泽	肌肉有光泽，红色均匀，脂肪洁白	肌肉色稍暗，脂肪缺乏光泽	肌肉无光泽，脂肪呈灰绿色
黏度	外表微干或微湿，不黏手	外表干燥或稍黏手，新切断面湿润	外表极干燥或黏手，新切面发黏
气味	具有鲜猪肉特有的气味	有微酸或陈腐的气味，但在较深层内没有腐败味	有刺鼻的腐败臭味，并在较深层内也有此味
硬度	肉的切面质密，富有弹性，手指压后凹陷处能立即恢复	肉较松软，手指压后凹陷处不能即刻恢复，且不能恢复原状	肌肉松弛，手指压后凹陷处不能恢复，并留有明显痕迹
肉汤	肉汤透明、芳香，脂肪有良好气味，并大量聚积在表面	肉汤混浊，无芳香气味，脂肪呈小滴浮于表面，无鲜味	肉汤污秽，有黄色絮状物，几乎没有脂肪滴，有严重的臭味

表 2—5 新鲜牛、羊肉的感官鉴定方法及指标

特征＼类别	新鲜肉	不新鲜肉	变质肉（不能食用）
色泽	肌肉有光泽，红色均匀，脂肪洁白或呈淡黄色	肌肉色稍暗，切面尚有光泽，脂肪缺乏光泽	肌肉色暗无光泽，脂肪呈黄绿色
黏度	外表微干或有风干的薄膜，不黏手	外表干燥或稍黏手，新切断面湿润	外表极干燥或黏手，新切断面发黏
气味	具备该种肉的正常气味	有轻微的氨味或脂肪酸败味，但肉的内层无味	有刺鼻的臭味
硬度	肉的弹性大，手指压后凹陷处能立即恢复	肉较松软，手指压后凹陷处不能立即恢复或完全恢复	肌肉松弛，手指压后凹陷处不能恢复，且留有明显痕迹
肉汤	肉汤澄清，脂肪团聚积于表面，具有特殊的香味	肉汤稍有混浊，脂肪呈小滴，浮于表面，香味差或无鲜味	肉汤混浊，有白色或黄色絮状物，脂肪极少浮于表面，有严重的臭味

2. 畜肉的保鲜方法

畜肉是易腐食品，常温下变质迅速，这主要是由于各种微生物的侵害造成的。畜肉保鲜的关键是控制有害微生物的活性和繁殖。因此，低温保鲜是能较长时间保持畜肉新鲜的保鲜方法，目前也是最常用的方法。低温保鲜包括冷藏（－1～4℃）和冷冻（－12℃以下）两种方式。

畜肉制品

西餐中常用的畜肉制品有腌肉（火腿、培根）和香肠。

一、腌肉制品

1. 火腿

火腿（Ham）是一种在世界范围内流传很广的肉制品，除少数国家外，几乎各国都有生产或销售。火腿可分为无骨火腿和带骨火腿两种类型。

(1) 无骨火腿

无骨火腿选用猪后腿肉或脊肉（可带皮及少量肥膘），也可用净瘦肉进行制作。一般制作工艺是：先把肉用盐水和香料浸泡腌制入味，然后加水煮制，有的要进行烟熏处理后再煮。这种火腿分为圆形和方形两种，使用比较广泛。

(2) 带骨火腿

带骨火腿一般用整只带骨的猪后腿加工而成，其加工方法较为复杂，加工时间也较长。一般制作工艺是：先把整只后腿肉用盐、胡椒粉、硝酸盐等干擦其表面，然后浸入加有香料的咸水卤中腌渍数日，取出风干、烟熏，再悬挂一段时间使其自熟，就可以形成良好的风味，尤其脂肪与肌肉组织在经过长久的发酵之后，可形成无与伦比的大理石纹路。

目前，世界上著名的火腿品种有法国烟熏火腿（Bayonne）、意大利火腿（Prama）、苏格兰整只火腿（Bradenham）、西班牙火腿（Serrano）、德国陈制火腿（Westpnalian）等，如下图所示。

法国烟熏火腿

意大利火腿

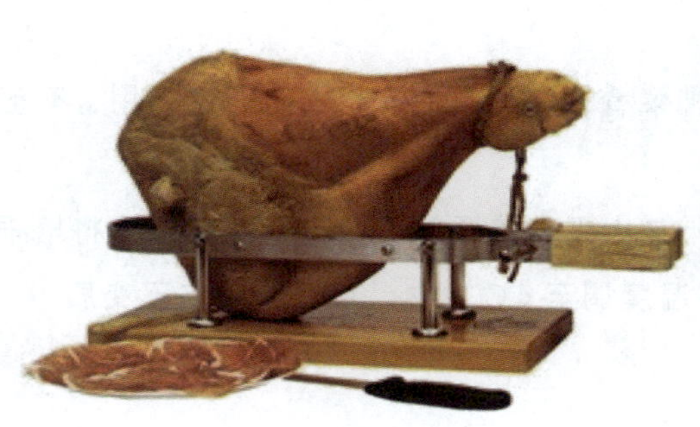
苏格兰整只火腿

西班牙火腿

【品质鉴选】西餐对于火腿的选择非常严格，以肉质丰润脂腴，颜色绯红油亮，且呈现出大理石一般纹路者为佳品。

【烹饪用途】火腿在西餐烹调中使用非常广泛，既可作主料又可作辅料，也可用于制作冷盘，如“火腿芝士拼盘”等。

【储存方法】火腿应放在通风、干爽、不被太阳光直接照射的地方储存。

2. 培根

培根（Bacon），即咸猪板肉，是西餐中使用广泛的肉制品，一般有五花培根和外脊培根两种，以五花培根较为常见。五花培根也称美式培根（American Bacon），是将猪五花肉切成薄片，先用盐、亚硝酸钠或硝酸钠、香料等腌渍入味，再经风干、熏制而成；外脊培根也称加拿大式培根（Canadian Bacon），是用纯瘦的猪外脊肉经腌渍、风干、熏制而成，口味近似于火腿，如下图所示。

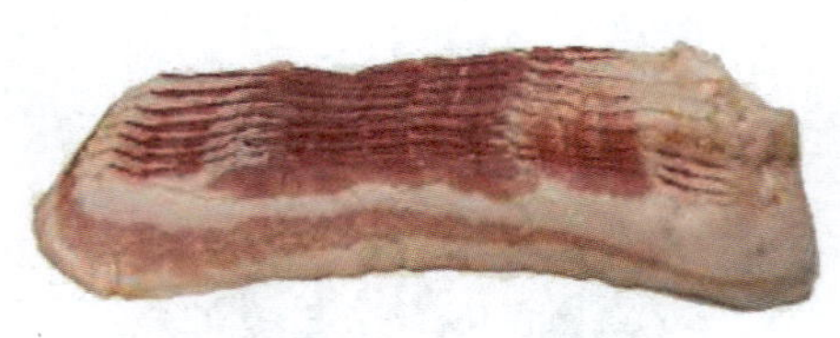
五花培根

外脊培根

【品质鉴选】若培根色泽鲜明，肌肉呈鲜红或暗红色，脂肪透明或呈乳白色，肉身干爽、结实、富有弹性，并且具有培根应有的熏肉风味，就是优质培根。反之，若肉色灰暗无光，脂肪发黄，有霉斑，肉松软，无弹性，带有黏液，有酸败味或其他异味者，则是变质或次品培根。

【烹饪用途】培根在西餐中一般用作多种菜肴的调配原料，起提味配色作用，有时也可煎食。

【储存方法】培根应放在通风、干爽、不被太阳直接照射的地方储存。也可将培根用保鲜袋包裹好，放在冰箱的冷藏室，并将温度调至4℃左右，可储存半年不变质。

二、香肠制品

香肠（Sausage）的种类很多，仅西方国家就有上千种，主要有冷切肠系列、早餐香肠系列、色拉米香肠系列、小泥肠系列，风干肠、烟熏香肠及火腿肠系列等。生产香肠较多的国家有德国和意大利等。

制作香肠的原料主要有猪肉、牛肉、羊肉、火鸡肉、鸡肉和兔肉等，以猪肉香肠最为普遍。一般的加工过程是：将肉绞碎，加入各种不同的辅料和调味料，然后灌入肠衣（因此也称为灌肠），再经过腌渍或烟熏、风干等方法制成。

世界上比较著名的香肠品种有德式小泥肠、米兰色拉米香肠、维也纳牛肉香肠、法国香草色拉米香肠等。下面介绍几种西餐中常用的香肠。

1. 火腿肠

火腿肠（Ham Sausage）也叫腊肠、半熏腊肠，起源于波兰的克拉科夫市。火腿肠的肉馅是以70%的瘦肉丁和30%的肥膘泥混合，灌入用猪大肠制的肠衣，再经煮制、晾干、熏制而成。因此，制成的灌肠比茶肠硬，味道也咸，切断的纹路与火腿相似，醇香适口，如下图左所示。

【品质鉴选】以肠体均匀饱满、无损伤、表面干净、密封良好、结扎牢固、组织紧密、有弹性、切片良好、咸淡适中、鲜香可口、无异味者为佳。

【烹饪用途】火腿肠在西餐烹调中可做沙拉、三明治、开胃小吃，或煮制成菜肴，也可作为热菜的辅料。

【储存方法】火腿肠必须保存在通风、阴凉、干燥的地方。

2. 德式小泥肠

德式小泥肠主要产于德国的法兰克福市。它是以酱状肉馅，用鸡肠制成的肠衣灌制的段节肠，肠身较细短，一般长 12～13 厘米，直径 2～2.5 厘米，是灌肠中最小的一种，如下图右所示。

【品质鉴选】以肠体均匀饱满、组织紧密、有弹性者为佳。

【烹饪用途】德式小泥肠味道鲜美，在西餐烹调中可做沙拉、三明治、开胃小吃，或煮制成菜肴，也可作为热菜的辅料。

【储存方法】小泥肠必须保存在通风、干燥、不被太阳光直接照射的地方。

火腿肠

德式小泥肠

3. 意大利肠

意大利肠的酱状肉馅中掺有鲜豌豆粒，一般长 50 厘米左右，直径为 13～15 厘米，是灌肠中最大的一种，其切断面除肉的颜色外还有点点的绿色豌豆，如下图左所示。

【品质鉴选】以外皮光整、色泽正常、组织紧密、有弹性者为佳。

【烹饪用途】意大利肠在西餐烹调中可做沙拉、三明治、开胃小吃，或煮制成菜肴，也可作为热菜的辅料。

【储存方法】应放于通风、阴凉、干燥的地方。

4. 色拉米香肠

色拉米香肠（Salami Sausage）又叫干肠，是以瘦肉泥加肥肉丁、黑胡椒末及适量硝酸钠、盐和成馅，灌入用猪大肠制的肠衣内，然后置于液体油脂内浸泡较长时间，使肠衣内肉馅自身被硝酸钠、盐腌透，待其呈浅褐色时取出，挂在阴凉通风处晾干而成。色拉米香肠与其他香肠突出的不同点是：其根本不经加热成熟而完全靠硝酸钠和盐腌渍使其成熟，因而其味较咸而浓郁，质地较韧硬，食后回味醇香，风格独特。这种灌肠的另一特点是便于保存，有的存放达几十年也不会腐败，是外出旅行的上好食品，如下图右所示。

【品质鉴选】在选购色拉米香肠时，应注意挑选外皮完整，色泽正常，无霉点，不发黑，肉馅坚实紧密，富有弹性的产品。

【烹饪用途】色拉米香肠在西餐烹调中可做沙拉、三明治、开胃小吃，或煮制成菜肴，也可作为热菜的辅料；还可用于制作拼盘，拼摆后会给冷盘增加不少色彩。

【储存方法】色拉米香肠应放在通风、干燥、不被太阳光直接照射的地方。

意大利肠

色拉米香肠

乳及乳制品

乳及乳制品是西餐中不可缺少的烹饪原料，其品类众多，如各种牛奶、奶粉、冰激凌、奶油、黄油和各式各样的奶酪等。乳及乳制品在西餐中用途广泛，既可以直接食用，也可以作为制作菜肴和点心的原料，广泛用于西餐的各种汤和甜品，同时也是制作沙拉和沙拉调味酱的理想原料。

一、牛奶

牛奶（Milk）的主要成分有水、脂肪、磷脂、蛋白质、乳糖、无机盐等，且含有丰富的钙、磷、铁、锌、铜、锰、钼等矿物质，其中钙和磷的比例有利于人体对钙的吸收，是人体钙的最佳来源。组成人体蛋白质的氨基酸有 20 种，其中有 8 种是人体自身不能合成的，因此被称为必需氨基酸。人体进食的蛋白质中如果包含了所有的必需氨基酸，这种蛋白质便称为全蛋白，牛奶中的蛋白质就是全蛋白。但西餐中的牛奶通常包括全脂牛奶、低脂牛奶和脱脂牛奶三种，它们各有用途，可满足不同顾客的需求。未经消毒的奶称为生奶，不能直接饮用，必须经过灭菌处理才能饮用。

各种牛奶的特点及储存方法见表 2—6。

【品质鉴选】新鲜牛奶呈乳白色，稍带微黄色，具有乳香味，加热后尤为明显，呈均匀胶态，无沉淀、无凝块、无杂质。

【烹饪用途】牛奶可制成奶油、酸奶、奶粉、冰激凌和各式各样的奶酪。

【储存方法】牛奶的吸附性强，极易受外界因素的影响。因此，储存时应注意避免与姜、葱、蒜等有挥发性刺激气味的原料共同存放，以防串味。

表 2—6　　牛奶的特点及储存方法

种类	特点	储存方法
全脂牛奶(Whole Milk)	未经过脱脂奶油的牛奶，含有约 3.25% 的乳脂。全脂牛奶在静态时常分为两部分：上部是漂浮着的奶油，下部是非奶油物质。为了使牛奶中的奶油和其他物质成为一体，牛奶应当经过同质处理。所谓同质处理就是将牛奶倒入高速搅拌机进行加工，把奶油和其他物质搅拌为一体。同质后的牛奶冷藏数天后，仍保持统一的整体	储存牛奶一般都采取冷藏法。如需长期储存，应放在 −18～ −10℃的冷库中；如短期储存，可放在 −2～ −1℃的冰箱中。由于牛奶结冰时会膨胀，所以存放牛奶时不应装得太满，以免把桶盖胀开造成污染
低脂牛奶(Low Fat Milk)	低脂牛奶是经过提取部分奶油后的牛奶，通常含乳脂为 0.5%～2%	
脱脂牛奶(Skim Milk)	脱脂牛奶是提取全部乳脂后的牛奶，几乎不含有乳脂	

二、奶油

奶油（Cream）也称忌廉、淇淋、激凌、克林姆，是从牛奶中提取出来的乳黄色半流体。西餐中常用的奶油有普通奶油、配制奶油、浓奶油和酸奶油四种。各种奶油的特点及储存方法见表 2—7。

表 2—7　　奶油的特点及储存方法

种类	特点	储存方法
普通奶油(Regular Cream)	普通奶油也称为咖啡奶油或清淡型奶油，约含 18% 的乳脂，常用于制汤、制作少司、伴随咖啡等	储存奶油一般采用冷藏法，储存温度为 4～6℃。为防止污染，对无包装的奶油应放在干净的容器内，并加上盖。由于奶油营养丰富，水分充足，很易变质，所以要注意及时冷藏，其制品在常温下超过 24 小时不应再使用
配制奶油(Half-and-Half Cream)	配制奶油含有 10%～12% 的乳脂，由全脂牛奶（约 3% 乳脂的牛奶）与普通奶油（18% 的乳脂）配制而成，常用作制作咖啡伴侣	
浓奶油(Heavy Cream)	浓奶油也称为抽打的奶油，是含有 30%～40% 乳脂的奶油，这种奶油可打成泡沫状，常用于制作点心和菜肴	
酸奶油(Sour Cream)	酸奶油是经过乳酶酸发酵的普通奶油，带有酸味，常用于制作少司、汤和面点等	

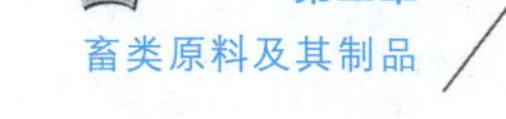

【品质鉴选】以呈均匀淡黄色，表面紧密，无霉斑，稠度及展性适中，具奶油特有的纯香味，无异味、无杂质，熔后透明无沉淀者为佳。

【烹饪用途】奶油广泛用于西餐的各种汤、菜肴和点心。

【储存方法】储存方法要恰当，防止其氧化酸败。

三、奶酪

奶酪（Cheese），又名干酪、计司或吉司，广州、香港一带译为“芝士”，是一种发酵的牛奶制品。其性质与常见的酸牛奶有相似之处，都是通过发酵过程来制作的，也都含有可以保健的乳酸菌，但奶酪的浓度比酸牛奶更高，近似固体食物，营养价值也因此更加丰富。牛奶在凝乳酶的作用下浓缩、凝固，再经过自然熟化或人工加工制成奶酪。奶酪有各种颜色，营养丰富，既可直接食用，也可制作菜肴。

奶酪有许多种类，分类方法也很多，最简单的方法是将奶酪分为天然奶酪和合成奶酪两大类。

天然奶酪是经过成型、压制和一定时间的自然熟化制成的奶酪。由于使用不同的发酵微生物和熟化方法，因此，天然奶酪有各种不同的风味和特色。著名的有瑞士奶酪（Swiss）、奇德奶酪（Chedder），荷兰的扁圆形奶酪（Gouda）、伊顿奶酪（Edam）等，它们都需要经数个月的熟化才能制成。

合成奶酪是新鲜奶酪与天然奶酪的混合体，经过巴氏灭菌制成。合成奶酪气味芳香、味道柔和、质地松软、表面光滑。其价格比天然奶酪便宜，有片装和块装两种。

西餐中常用的奶酪特点及烹饪用途见表 2—8。

表 2—8　　西餐常用的奶酪特点及烹饪用途

奶酪品种	特点及烹饪用途	图示
白奶酪 （Cottage）	产于美国，为凝乳状颗粒，质地软，已熟化，白色，气味温和，带有酸味 主要用于制作沙拉、开胃菜的调味酱及奶酪点心等	
奶油奶酪 （Cream）	产于美国，质地软，未经过熟化，表面光滑，白色，气味温和，带有酸味 主要用于制作沙拉、小食品、甜菜及开胃菜的调味酱	

续表

奶酪品种	特点及烹饪用途	图示
瑞可塔乳酪（Ricotta）	产于意大利，白色，略带甜味，质地软，未经熟化 主要用于制作开胃菜、沙拉、甜菜和小食品	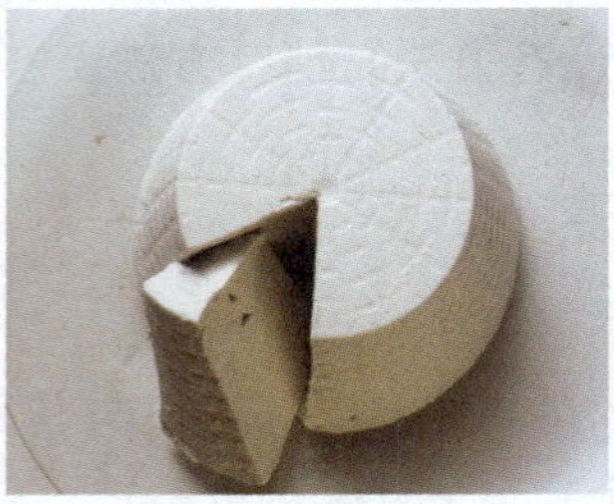
马祖拉水牛乳奶酪（Mozzarrella）	产于意大利，质地坚硬，有韧性，奶油色，未熟化，气味温和 主要用于制作小食品、三明治、意大利馅饼和沙拉	
布瑞奶酪（Brie）	产于法国，表面光滑，奶油色，质地软，熟化期4～8周，辣味 主要用于制作开胃菜、饼干及以水果为原料的甜菜	
卡蒙贝尔奶酪（Camembert）	产于法国，表面光滑，奶油色，质地软，熟化期4～8周，辣味 主要用于制作开胃菜、水果类甜品	
明斯透干酪（Muenster）	产于德国，半固体，体内有小孔，熟化期1～8周，气味芳醇 主要用于制作开胃菜、三明治、甜菜	

续表

奶酪品种	特点及烹饪用途	图示
车达奶酪（Chedder）	产于英国，表面光滑，质地坚硬，颜色有白色和橘黄色两种，熟化期1～12个月。熟化期短者味香醇，熟化期长者味浓郁 主要用于制作三明治、热菜、甜菜	
科尔比干酪（Colby）	产于美国，熟化期1～3个月，质地坚硬，味温和、香醇 主要用于制作三明治、小食品	
艾达姆乳酪（Edam）	产于荷兰，半固体，有奶油色和橘黄色两种，外部用红蜡包装。熟化期2～3个月，味香醇 主要用于制作开胃菜、小食品、沙拉、甜菜	
高达奶酪（Gouda）	产于荷兰，半固体或固体。黄色或橘黄色，体内有小孔，熟化期2～6个月，味香醇 主要用于制作开胃菜、小食品、沙拉、海鲜菜肴的调味酱	
菠萝伏洛干酪（Provolone）	产于意大利，固体，坚实，表面光滑。外部呈浅棕色，内部呈浅黄色。熟化期2～12个月。有烟熏味和咸味，香醇，味浓郁 主要用于制作三明治、开胃菜	

续表

奶酪品种	特点及烹饪用途	图示
帕玛森奶酪（Parmesan）	产于意大利，质地坚硬，奶油色或浅棕色，颗粒状。熟化期14～24个月，味道非常浓郁，带有辛辣味 主要用于制作意大利面条、意大利馅饼和蔬菜	
蓝纹奶酪（Blue）	产于美国，半固体，带有蓝色花纹，熟化期2～6个月，有怪味，味浓郁，辛辣 主要用于制作开胃菜、沙拉、三明治和甜菜	
法国奶酪（Roquefort）	产于法国，半固体，带有蓝色花纹，熟化期2～5个月，味浓烈，略有辣味 主要用于制作开胃菜、沙拉、三明治和甜菜	

【品质鉴选】优质的奶酪均匀质密，呈白色或淡黄色，表皮均匀、细腻、无损伤、无裂缝和脆硬现象，切片整齐不碎，具备特有的醇香味。

【烹饪用途】奶酪在西餐烹调中用途很广，许多带有奶酪的菜肴、汤、调味汁、甜品以及三明治和汉堡包深受欧美人的青睐。奶酪也常是制作沙拉和沙拉调味酱的理想原料，用奶酪制作的开胃菜别具一格。

【储存方法】奶酪应冷藏在温度为2～6℃、相对湿度为88%～90%的冰箱中，存放时最好用纸包好。为了避免奶酪的黏性增加，烹调时应使用适当的火候，尽量缩短烹调时间。常用的奶酪烹调温度为60℃；在制作调味汁时，奶酪是最后放入的原料；烹调奶酪前应先将其切碎，这样可以使其均匀熔化。

四、酸奶

酸奶（Yogurt）是将乳酶放入低脂牛奶中，经过发酵制成带有酸味的液体牛奶。

【品质鉴选】正常的酸奶凝结细腻，无气泡，色白或略带浅黄色，微酸微甜，带醇香气味。

【烹饪用途】酸奶可做炒冰、水果沙拉以及蛋糕、奶昔、果冻、冰棒等。

【储存方法】加热饮用会降低消化吸收率，不宜空腹饮用。

五、黄油

黄油（Butter）的叫法比较混乱，我国北方习惯上称黄油，上海一带根据英语的译音习惯叫白脱，广州、香港一带则习惯称为牛油，也可称重制奶油或固体奶油。黄油是从奶油中分离出来的油脂，分为鲜黄油和清黄油两种。鲜黄油的含脂率在 85% 左右，口味香醇，可直接食用；清黄油的含脂率在 97% 左右，比较耐高温，可用于烹制热菜。

【品质鉴选】黄油在常温下为浅黄色固体，熔点为 28～34℃，硬度受温度影响很明显，常温下呈淡黄色固体状态，细腻芳香，加热后熔化，并有明显的乳香味。

【烹饪用途】黄油广泛用于西餐的各种汤、菜肴和点心。

【储存方法】黄油具有良好的起酥性、乳化性和一定的可塑性，但储存稳定性较差。黄油的油脂含量很高，较奶油容易储存。如长期储存应放在 -10℃ 的冰箱中，短期储存可放在 5℃ 左右的冰箱中冷藏。因黄油易氧化，所以在存放时应注意避免光线直接照射，且应密封储存。

六、奶粉

奶粉（Milk Powder）是由全脂牛奶或低脂牛奶经过脱水而成，成品为淡黄色粉末，用水调后与牛奶相似。

【品质鉴选】奶粉的品质以具有鲜奶固有的香气，无异味，呈淡黄色的干燥粉末状，无结块现象，水冲调时完全溶解，无团块和沉淀者为佳。

【烹饪用途】奶粉广泛用于西餐的各种汤、菜肴和点心。

【储存方法】开封后储存应注意其质量的变化。

七、炼乳

炼乳（Condensed Milk）是牛乳浓缩而成的乳制品，分淡炼乳和甜炼乳两种。淡炼乳是将消毒乳浓缩到原来体积的 40%～50%，经装罐密封后再次灭菌制得；甜炼乳是消毒乳加入 15%～16% 的蔗糖并浓缩到原体积的 40% 左右制得。

炼乳的特点及储存方法见表 2—9。

表 2—9 炼乳的特点及储存方法

种类	特点	储存方法
淡炼乳 (Thin Condensed Milk)	呈均匀有光泽的淡奶油色或乳白色，黏度适中，20℃时呈均匀的稀奶油状	以罐装形式存放，一般采取冷藏法
甜炼乳 (Sweet Condensed Milk)	呈匀质的淡黄色，黏度适中，24℃倾倒时可呈线状或带状流下	

【品质鉴选】炼乳以黏度适中，无凝块，无乳糖结晶沉淀，无霉斑，无脂肪上浮，无异味者为佳。

【烹饪用途】炼乳广泛用于西餐的各种汤、菜肴和点心。

【储存方法】开封后储存应注意其质量的变化。

八、酸奶酪

酸奶酪是将乳酶与全脂牛奶进行发酵，制成带有酸味的半流体产品。

【品质鉴选】酸奶酪以黏度适中，无凝块，无乳糖结晶沉淀，无霉斑，无脂肪上浮，无异味者为佳。

【烹饪用途】酸奶酪可以做水果沙拉、蛋糕、奶昔、果冻、冰棒等。

【储存方法】酸奶酪开封后储存应注意其质量的变化。

思考与练习

1. 小牛肉部位的划分及烹饪用途与成年牛肉有什么不同？
2. 西餐常用的乳制品种类及其特点是什么？

第三章

禽类原料及蛋品

学习目标

1．了解禽类原料的基础知识

2．掌握影响禽类原料质量的因素及品种选鉴方法

3．明确禽类原料在西餐烹饪中的用途

禽类原料也称食用鸟类原料，是指在人工饲养条件下的家禽和那些未被列入国家保护动物目录的野生鸟类的肉、蛋、副产品及其制品的总称。禽类原料按其是否经过加工，可分为天然禽类原料和加工性禽类原料两大类。天然禽类原料可分为鲜活禽体原料和鲜蛋原料；加工性禽类原料分为禽体制品和禽蛋制品。

禽类原料的营养成分主要包括蛋白质、脂肪、维生素、糖类、矿物质和水等。因受禽的种类、营养状况、饲养方法、宰杀后的变化等因素影响，禽类原料的营养构成略有差异。

常见的禽类品种

西餐烹调中常见的家禽主要有鸡、鸭、鹅、火鸡、珍珠鸡、鸽子、鹌鹑等，根据其肉色又可分为白色家禽肉、红色家禽肉两类。肉色为白色的家禽主要有鸡、火鸡等，肉色为红色的家禽主要有鸭、鹅、鸽子、珍珠鸡等。

一、禽肉的组织结构与食用品质

禽类原料是西餐主要的烹饪原料之一，可作为菜肴的主料和配料，适用于多种烹调方法，在烹调中用途广泛。行业中有“鸭肉最丰，鹅肉最香，鸡肉最嫩，鸽肉最奇”的说法。

1. 禽肉的组织结构

禽肉的组织结构包括肌肉组织、脂肪组织、结缔组织、骨骼组织四大部分。

(1) 肌肉组织

禽类的肌肉组织发达，纤维非常柔细，是禽肉最有食用价值的部分，也是禽肉中营养成分最高的部分。经良好喂养的家禽，其肌肉柔嫩多汁、味道鲜美。

(2) 脂肪组织

禽类的脂肪组织除了在体腔内或皮下（除水禽外）沉积外，还均匀地分布在肌肉组织中。禽类脂肪中的亚油酸含量多、熔点低，使得禽肉比畜肉更加鲜嫩味美，且易消化。脂肪在皮下沉积使禽类的皮肤呈现一定的颜色，沉积多的呈微红色或黄色，沉积少的（如飞禽）则呈淡红色。

(3) 结缔组织

禽肉中的结缔组织含量比畜肉低，所以禽肉比畜肉更柔软、鲜嫩，易于人体消化吸收。结缔组织在禽肉中的含量与部位有关，一般白肌中含结缔组织较少，红肌含结缔组织相对较多；腿的下部及前肢比其他部位多。

(4) 骨骼组织

禽类的骨骼较轻而坚固，骨髓中有少量的风味成分，在烹饪中除了制汤，用途不大。

2. 禽肉的食用品质

(1) 禽肉的颜色

与畜肉一样，禽肉的颜色也直接影响其食用和商品价值，因为消费者将它与产品的新鲜度联系起来，决定购买与否。浅色或白色的禽肉称为“白肌”，颜色发红一些的禽肉称为“红肌”。一般来说，红肌肉有较多的肌红蛋白，富有血管，肌肉较细；白肌肉的肌红蛋白含量较少，肌纤维较粗。不同禽类的不同部位，红肌肉与白肌肉的分布也不相同，如鸭、鹅等水禽和善飞的禽类红肌肉较多；飞翔能力较差或不能飞的禽类白肌肉较多，如鸡胸肉。

(2) 禽肉的风味

禽肉中含有大量的含氮浸出物，如肌酸和肌酐，所以具有特殊的香味和鲜味。同一禽类随年龄不同，所含的氮浸出物也有差异，幼禽所含氮浸出物比老禽少，公禽所含氮浸出物比母禽少，所以老母鸡适宜炖汤，而仔鸡适合爆炒。野禽肉比家禽肉含有更多的氮浸出物，导致汤汁带有强烈刺激味，因此不宜炖汤。

(3) 禽肉的嫩度

禽肉的嫩度是消费者最重视的食用品质之一，它决定了禽肉在食用时口感的老嫩，是反映禽肉质地的指标。一般老龄禽肉肌肉纤维较粗，公禽比母禽肌肉纤维粗，水禽比鸡的肌肉纤维粗；不同部位肌肉纤维粗细也不一样，活动量大的部位肌纤维粗。

(4) 禽肉的保水性

一般禽肉的保水性比猪肉、牛肉、羊肉差，对禽肉菜肴的质量有很大影响。例如，鸡脯肉肌间脂肪少，在加热时，蛋白质受热收缩，固定的水分减少，肉汁流失，使菜肴的质感变老。所以要通过一定的烹调技术，如控制加热温度，通过腌渍、上浆、挂糊等，增加禽肉的保水性，保证菜肴的质量。

二、家禽类原料主要品种介绍

1. 鸡

鸡 (Chicken) 在我国至少有 3 000 年的驯养史，其种类较多，主要有雏鸡、童子鸡、小鸡、阉鸡、母鸡、公鸡等，如下图所示。

普通鸡

鸡的种类及特点见表3—1。

表3—1 鸡的种类及特点

种类	特点
雏鸡 (Chick)	年龄最小的公鸡或母鸡，肉质非常细嫩，饲养时间5～6周，重量一般为0.9千克以下
童子鸡 (Broiler)	小公鸡或小母鸡，皮肤光滑，肉质细嫩，骨头柔软。饲养时间为9～12周，重量一般为0.7～1.6千克
小鸡 (Capon)	小公鸡或小母鸡，皮肤光滑，肉质细嫩，骨头柔软性差。饲养时间为3～5个月，重量一般为1.6～2.3千克
阉鸡 (Stag)	阉过的公鸡，肉质嫩，味浓，鸡胸部肉丰富，价格高。饲养时间为8个月，重量一般为2.3～3.6千克
母鸡 (Hen)	成年的母鸡，肉质老，皮肤粗糙，胸骨较硬。饲养时间为10个月以上，重量一般为1.6～2.7千克
公鸡 (Cock)	成年公鸡，皮肤粗糙，肉质较老，肉深色，饲养时间为10个月以上，重量一般为1.8～2.7千克

【品质鉴选】优质的鸡肉体表面微干，不黏手，用手指压肉后的凹陷可以立刻恢复；劣质的鸡肉其眼球皱缩凹陷，皮肤色泽转暗，体表和腹腔内可以嗅到不舒服的气味甚至臭味，表面黏手、腻滑，用手指压肉后的凹陷恢复很慢或者不能完全恢复。

【烹饪用途】鸡在西餐烹调中应用广泛，几乎适用于所有的烹调方法，可作为菜品的主料、辅料、馅料等，广泛应用于冷热菜。雏鸡肉虽少，但肉质鲜嫩，适宜整只烧烤、铁扒等；童子鸡肉质鲜嫩，口味鲜美，适宜烧烤、铁扒、煎、炸等；阉鸡肉质鲜嫩，油脂丰满，水分充足，但由于生长期较短，香味不足，适宜煎、炸、烩、焖等；成年母鸡宜蒸、熘、烧、炖、焖；老公鸡宜烧、焖、煨；老母鸡最宜烧、炖汤等。

鸡的分档与烹饪用途见表 3—2。

表 3—2 鸡的分档与烹饪用途

项目 部位	分档部位	特征特点	烹饪用途
鸡腿肉	又称“凤腿”，鸡的大腿骨及肉	肉厚，质较老，筋多	整用宜蒸、炸。经刀工处理后，宜蒸、炒、烧、拌
鸡脯肉	又称“鸡胸肉”“凤脯”，位于鸡胸三叉骨的两侧	肉质细嫩，浅白色	宜熘、炒、爆和制鸡浆、鸡糁
鸡翅	又称“凤翅”，俗称大转弯，即鸡翅膀	皮多骨多，筋多肉少，质地柔韧，富有胶质	宜烧、卤、拌、泡等

【注意事项】根据不同菜品的成菜要求对鸡进行宰杀或分档取料，如下图所示。

【储存方法】冷藏、冷冻、干制。

鸡腿

鸡胸肉

鸡翅

2. 鸭

家鸭（Duck）是由野生鸭驯化而来的，驯养历史悠久。鸭从其主要用途看，可将其分为羽用型、蛋用型、肉用型等品种，西餐烹调中主要使用肉用型鸭作为烹调原料，如下图所示。

家鸭

肉用型鸭饲养期一般在 40～50 天，体重可达 2.5～3.5 千克。肉用型鸭胸部肥厚、肉质鲜嫩。著名的肉用型鸭品种主要有美国的美宝鸭，丹麦的海格鸭、力加鸭，澳大利亚的史迪高鸭等。鸭在西餐中的使用也很普遍，常用的烹调方法主要有烤、烩、焖等。

【品质鉴选】鸭的体表光滑，呈乳白色，切开后切面呈玫瑰色，则表明是优质鸭肉。如果鸭皮表面渗出轻微油脂，可以看到浅红或浅黄颜色，同时内切面为暗红色，则表明鸭肉的质量较差。

【烹饪用途】鸭肉的香味突出，整鸭常用的烹调方法主要有烤、烩、焖等，鸭肝可以制作各种“肝批”。鸭肉几乎适用于所有的烹调方法，可做菜品的主料、辅料、馅料、吊汤等。仔鸭宜蒸、炸、烧、烤、炒、爆、卤，老鸭宜烧、炖、蒸、煨、制汤等。

【注意事项】变质鸭肉摸起来软而发黏，腹腔有大量霉斑，不能使用。

【储存方法】冷藏、冷冻、干制、腌腊。

3. 鹅

鹅（Goose）在世界范围内被普遍饲养。从其主要用途看，鹅的品种可分为羽用型、蛋用型、肉用型、肥肝用型等，与西餐烹饪有关的主要是肉用型和肥肝用型鹅。

肉用鹅生长期不超过 1 年，又有仔鹅和成鹅之分。仔鹅的饲养期在 2～3 个月，体重在 2～3 千克。成鹅的饲养期在 5 个月以上，体重 5～6 千克。肥肝用型鹅在西餐中主要是利用其肥大的鹅肝，这类鹅经“填饲”后的肥肝一般可重达 600 克以上，优质的则可达 1 000 克左右，著名品种主要有法国的朗德鹅、图卢兹鹅等，如下图所示。当然这类鹅也可用作产肉，但习惯上把它们作为肥肝专用型品种。

朗德鹅

图卢兹鹅

【品质鉴选】宰杀后放干净血，血色暗红，拔毛修整后，有微腥味，但没有臭味。肉色洁白，肉质有弹性，没有硬节。劣质的鹅肉（可能为病鹅或瘟鹅）为死后宰杀，放血不彻底，肉色比正常的鹅肉颜色深，摸起来肉质差，手感发硬。优质的鹅肝颜色呈乳白色或白色，其中的筋呈淡粉红色，肉质细嫩光滑，手触后有一种黏糊糊的感觉，用手指触压后不能恢复原来的形状。质量较差的肥鹅肝触摸时手感不光滑并发干。

【烹饪用途】鹅在西餐烹调中主要用于烧、烤、烩、焖等菜肴。肥鹅肝是西餐烹饪中的上等原料，在法式菜肴中的应用最为突出，"鹅肝酱""鹅肝冻"等都是法式菜肴中的名菜。

【注意事项】鹅体型较大，一般不整只使用。

【储存方法】光鹅保鲜可采用冷藏、冷冻、干（腌）制等方法。肥鹅肝原则上应立刻使用，不得储存。如果制作菜肴剩余一部分肥鹅肝，可将其用于制作肉卷等。如需新鲜保存，应将肥鹅肝放进真空薄膜中，封口后置于冰水中。

4. 鸽子

鸽子（Pigeon）又称"家鸽"，由岩鸽驯化而来。经长期选育，目前全世界鸽子的品种已达 1 500 多种，按其用途可分为信鸽、观赏鸽和肉鸽。其中较为著名的品种主要有美国的白羽王鸽、法国的普列斯肉鸽及蒙丹鸽、贺姆鸽、卡奴鸽等。西餐烹调中主要以肉鸽作为烹调原料，如下图所示。

鸽子

肉用鸽体型较大，一般雄鸽体重可达 500～1 000 克，雌鸽可达 400～600 克。肉鸽肉色深红，肉质细嫩，味道鲜美。肉鸽一般在 28 天左右就能长到 500 克左右，这时的鸽子是最有营养的，含有 17 种以上氨基酸，氨基酸总量高达 53.9%，且含有十多种微量元素及多种维生素。因此鸽肉是高蛋白、低脂肪的理想原料。

【品质鉴选】健康的鸽子羽毛丝绒柔软、细滑，稍带油脂，滑而亮，眼神灵敏，瞳孔收缩自如，眼球转动灵活，嘴巴坚硬，表情灵活，反应敏捷。光鸽呈球形，体重较大，肉色深红，肉质细嫩。

【烹饪用途】鸽子在西餐烹调中常用于烧烤、煎、炸、红烩或红焖等，乳鸽一般适宜铁扒。

【注意事项】应根据烹饪用途选用不同生长期的鸽子。

【储存方法】冷藏、冷冻。

5. 鹌鹑

鹌鹑（Quail）又名赤喉鹑，体型与小鸡相似，体长约 18 厘米，体重 110～450 克，头小，嘴细小，与小鸡相比无冠，无耳叶，尾羽不上翘，尾短于翅长一半。鹌鹑按主要用途可分为蛋用型和肉用型两类，我国各地均有饲养。蛋用型品种主要有日本鹌鹑、朝鲜鹌鹑、白羽鹌鹑和法国鹌鹑等。肉用型品种主要有法国巨型肉用鹌鹑和拉安肉用鹌鹑，美国加利福尼亚鹑、英国白鹑、大不列颠黑色鹑、白杂色无尾鹑、澳大利亚肉用鹑等，如下图所示。

日本鹌鹑

美国加利福尼亚鹑

鹌鹑肉、蛋味道鲜美，营养丰富。鹌鹑肉是典型的高蛋白、低脂肪、低胆固醇食品，被誉为“动物人参”，适合中老年人及高血压、肥胖症患者食用。

【品质鉴选】宜选用养殖 2 年左右的鹌鹑，其肉质更嫩滑。

【烹饪用途】鹌鹑是禽类原料中的上品。在西餐烹饪中，鹌鹑多以整只制作，最宜烧、卤、炸、扒，也可煮、炖、焖、烤、蒸等，若加工成小件，适用于炒、熘、烩、煎等烹调方法。

【储存方法】冷藏、冷冻。

6. 火鸡

火鸡（Turkey）又名吐绶鸡、七面鸡，原产于北美，最初为墨西哥的印第安人所驯养，是一种体型较大的家禽。因其发情时头部及颈部的褶皱皮变为火红色，故称火鸡。火鸡的种类较多，如青铜火鸡、荷兰白火鸡、波朋火鸡、那拉根塞火鸡、黑火鸡、石板青火鸡、贝兹维尔火鸡等。一般根据颜色可分为青铜火鸡和白色火鸡，青铜火鸡原产于美洲，白色火鸡原产于荷兰，如下图所示。

青铜火鸡

白色火鸡

青铜火鸡个体较大，胸部很宽，头上皮瘤由红色到紫白色，成长迅速，肉量肥满，成年公火鸡体重约 16 千克，成年母火鸡体重约 9 千克，年产蛋量 50～60 枚，蛋重 70～80 克。西餐烹调中使用的主要是肉用型火鸡，如美国的尼古拉火鸡、加拿大的海布里德白钻石火鸡、法国的贝蒂纳火鸡等。这些肉用火鸡胸部肌肉发达，腿部肉质丰厚，生长快，出肉率高，低脂肪，低胆固醇，高蛋白，味道鲜美，是西餐烹饪中的高档原料，也是欧美许多国家“圣诞节”“感恩节”餐桌上必不可少的食品。

【品质鉴选】优质的火鸡肉体表面微干，不黏手，用手指压肉后的凹陷可以立刻恢复；劣质的火鸡，眼球皱缩凹陷，皮肤色泽转暗，体表和腹腔内可以嗅到不舒服的气味甚至臭味，表面黏手、腻滑，用手指压肉后的凹陷恢复很慢或者不能完全恢复。

【烹饪用途】一般体型较小、肉质细嫩的火鸡，适宜整只烧烤或瓤馅等。体型较大、肉质较老的火鸡，适宜烩、焖或去骨制作“火鸡肉卷”等。

【注意事项】因其体型较大，一般不整用。

【储存方法】冷藏、冷冻。

7. 珍珠鸡

珍珠鸡（Numididae）全身灰黑色，羽毛上规则散布着点点白色圆斑，形状似珍珠，故名珍珠鸡，如下图所示。珍珠鸡有幼鸡和成年鸡之分，幼鸡肉质嫩，饲养时间约 6 个月，重量为 0.34～0.7 千克；成年鸡肉质老，饲养时间约 1 年，重量为 0.45～0.9 千克。

【品质鉴选】珍珠鸡肉色深红，脂肪少，肉质柔软细嫩，味道鲜美。

【烹饪用途】在西餐烹调中适宜铁扒、烩、焖或整只烧烤等。

珍珠鸡

【注意事项】应选有肉质细嫩的幼鸡。

【储存方法】冷藏、冷冻。

8. 鸵鸟

鸵鸟（Common Ostrich）原产于非洲，是世界上现存体型最大的不能飞行的鸟类，但善于奔跑。我国从1992年开始引种、饲养、人工驯化鸵鸟。目前，全国专业鸵鸟养殖企业存栏鸵鸟数量已达10万多只，为亚洲第一大鸵鸟养殖国。鸵鸟是草食性为主的动物，其肉中无任何药物、激素的残留，被国内外食品营养专家誉为新世纪的人类食品。鸵鸟肉易于人体消化吸收，是近年来新兴的高级食品。鸵鸟肉的蛋白质含量为21%，脂肪含量为2%（牛肉为17%，猪肉为19%），胆固醇含量为62毫克/100克（牛肉为83毫克/100克，猪肉为93毫克/100克）。鸵鸟肉具有低脂肪、低胆固醇、低热量、高蛋白质，即“三低一高”的特点，特别是人体最需要的维生素、微量元素含量也较高，如下图所示。

鸵鸟

【品质鉴选】鸵鸟肉以肉色深红，肉质鲜嫩滑润，口感鲜美、无异味者为佳。

【烹饪用途】鸵鸟肉多，作为高档宴席的大件菜肴，其肉质特点使其适应多种烹调方法，可调制成多种口味的菜肴，如“鸵鸟蛋卷”“鸵鸟蛋酥”“鸵鸟拼盘”“鸵鸟金银肝”“火烧非洲鸵串”“爆炒鸵肉片”等。

【注意事项】因鸵鸟体型较大，一般不整只使用。

【储存方法】冷藏、冷冻。

三、禽类原料的品质检验与储存

1. 禽类原料的品质检验

(1) 活禽的品质检验

一般健康活禽的主要特征是：羽毛丰润、清洁、紧密、有光泽，脚步矫健，两眼有神；握住禽的两翅根部，其叫声正常，挣扎有力；用手触摸其嗉囊无积食、气体或积水；其头部的冠、肉髯及头部无毛部分无苍白、发绀或发黑现象；其眼睛、口腔、鼻孔无异常分泌物；肛门周围无绿白稀薄粪便黏液。反之则为不健康禽，应及时剔除处理。

不同生长期的活鸡鉴别：根据生长期不同，一般可分为仔鸡、当年鸡、隔年鸡和老鸡。仔鸡指尚未到成年期的鸡，其羽毛没丰满，体重在 0.5～0.75 千克，胸骨软，肉嫩，脂肪少；当年的鸡也称为新鸡，已到成年期，但生长时间未到 1 年，其羽毛紧密，胸骨较软，嘴尖发软，后爪趾平，鸡冠和耳垂为红色，羽毛管软，体重一般达到了最大重量，肥度适当，肉质嫩；隔年鸡指生长期在 12 个月以上的鸡，其羽毛丰满，胸骨和嘴尖稍硬，后爪趾尖，鸡冠和耳垂发白，羽毛管硬，肉质渐老，体内脂肪逐渐增加。老鸡指生长 2 年以上的鸡，其羽毛较稀疏，皮发红，胸骨硬，爪、皮粗糙，鳞片状明显，趾较长，呈钩形，羽毛管硬，肉质老，但浸出物多，适宜制汤或炖、焖等。

(2) 鲜禽肉的品质检验

禽类宰杀后，禽肉的变化与畜肉一样，要经历僵直、后熟、自溶、腐败四个过程，其内在的生化结构有了许多的改变，这在感官上就可以观察到。

鲜禽肉的品质检验可分为外部检验和体腔及内脏检查两个方面。禽胴体的新鲜度一般可通过对其嘴部、眼部、皮肤、脂肪、肌肉等方面来进行检验。光禽的品质检验标准见表 3—3。

表 3—3 光禽的品质检验标准

类别 特征	新鲜	不新鲜	变质（不能食用）
眼球	眼球饱满	眼球凹陷皱缩，晶体混浊	眼球干缩凹陷，晶体混浊
黏度	外表微干或湿润，不黏滑	外表稍干燥，有黏手感，新切断面湿润	外表极干燥或黏手，新切断面发黏

续表

特征 \ 类别	新鲜	不新鲜	变质（不能食用）
气味	有正常的鲜禽气味	无异味，但腹内有较重的令人不愉快气味	体表及腹腔内均有臭味
弹性	肉有弹性，手指压后凹陷处立即恢复	肉弹性不足，手指压后凹陷不能即刻或完全恢复	肉质松弛，手指压后凹陷不能恢复并留有痕迹
色泽	皮肤有光泽，肉的切断面发光，色泽正常	皮肤稍有光泽，肉的切断面有光泽	体表无光泽，头颈部呈暗褐色
肉汤	肉汤透明澄清，脂肪团浮于汤的表面，具有特殊的香味	汤稍有混浊，脂肪呈小滴浮于表面，香味差，无鲜味	肉汤混浊，有白色或淡黄色絮状物，脂肪极少浮于表面，有严重的腥臭味

2. 禽类原料的储存与保鲜

储存禽类原料通用的方法是低温储存法，因为低温能抑制酶的活性和微生物的生长、繁殖，可以较长时间保持禽类原料的组织结构状态，在储存前应注意要去尽光禽的内脏，如果是冻禽，应立即冷藏。

（1）冷却储存

光禽和禽肉如能在一星期内用完，可在冷却状态下储存。如鸡肉在温度为 0℃、相对湿度 85%～90% 的条件下，可储存 7～11 天。

（2）冷冻储存

宰杀后成批的光禽或禽肉，如果需要储存较长时间，必须进行冷冻储存，即先在 －30～－20℃、相对湿度 85%～90% 的条件下冷冻 24～48 小时，然后在 －20～－15℃、相对湿度 90% 的环境下冷藏保存。有资料表明：在 －4℃ 时禽肉可保存 1 个月左右，在 －12℃ 时可保存 4 个月左右，在 －18℃ 时可保存 8～10 个月，在 －23℃ 时可保存 12～15 个月。当然，餐饮业不应一次进货太多而长时间储存。

蛋品及蛋制品

西餐烹饪中使用的蛋品主要包括鸡蛋、鸭蛋、鹅蛋、鸽蛋、鹌鹑蛋、鸵鸟蛋等，蛋制品包括皮蛋、咸蛋等。蛋品及蛋制品含有丰富的营养物质，同时烹饪应用也相当广泛，可作为主料、配料及调辅料，是西餐烹饪中常用的原料之一。

一、蛋的结构

禽蛋由蛋壳、蛋白和蛋黄三部分组成，蛋壳约占蛋重量的 11%，蛋白约占 58%，蛋黄约占 31%。由于家禽的品种、年龄、产蛋季节和饲料的不同，蛋壳、蛋白和蛋黄在蛋中所占的比例也不一样。禽蛋横切面呈圆形，纵切面呈不规则椭圆形，一头稍尖，一头圆钝，如下图所示。

蛋的结构

1. 蛋黄

蛋的蛋黄呈球形，两端有系带牵连，使其固定在蛋的中央。蛋黄由蛋黄、蛋黄内容物和胚胎（存在于受精的蛋中，未受精的蛋这部分称为胚珠）三部分组成。蛋黄表面有一层透明的薄膜，叫蛋黄膜，蛋黄膜富有弹性，具有使蛋黄完整的作用，陈旧的蛋，其蛋黄膜弹性减弱，稍震动即破裂。

2. 蛋白

蛋白也称蛋清，为无色、透明的胶状物质，位于蛋壳与蛋黄之间，分为白层、内稀蛋白层、浓厚蛋白层、外稀蛋白层四层。随着储存时间的延长及温度、水解蛋白酶的影响，蛋白逐渐变稀，溶菌酶消失，使蛋的质量下降且变质的可能性增大。

3. 蛋壳

蛋壳是包裹蛋体内容物的一层结构，由交织的蛋白质纤维基质和缝隙间碳钙晶体构成。蛋壳外表面有一层白色粉状物，称为外蛋壳膜，具有保护作用。蛋壳内表面有两层纤维质构成的网状薄膜，称为壳内膜。外层紧贴蛋壳内壁的，称为内蛋壳膜，内层包裹蛋白的，称为蛋白膜。两层膜紧密贴合在一起，只在蛋钝端两膜分离形成气室。随着储存时间的延长及水分蒸发，气室逐渐变大，所以气室的大小可以作为判断蛋类新鲜度的一个标准。

二、蛋品

1. 蛋类的品种

蛋类可分为鸡蛋、鸭蛋、鹅蛋、鸵鸟蛋、鹌鹑蛋等，如下图所示。

鸡蛋

鸭蛋

鹅蛋

鸵鸟蛋

鹌鹑蛋

(1) 鸡蛋

鸡蛋（Hen's Egg）是营养品中一种典型的壳类食物，主要成分为蛋白和蛋黄。鸡蛋分土鸡蛋和洋鸡蛋。土鸡蛋是农家散养的土鸡所生的蛋，洋鸡蛋是养鸡场或养鸡专业户用合成饲料饲养的鸡下的蛋。从鸡蛋的外观上看，土鸡蛋个头稍小、壳稍薄，色浅，较新鲜的有一层薄薄的白色膜；而洋鸡蛋壳稍厚，色深。

(2) 鸭蛋

鸭蛋（Duck's Egg）由蛋壳、壳膜、气室、蛋白、蛋黄、系带、胚珠或胚盘等部分组成，其主要营养成分有蛋白质、脂肪、钙、磷、铁、钾、钠、氯等。未完全煮熟的鸭蛋不宜食用，因为鸭子容易患沙门氏病，鸭子体内的病菌能够渗入到正在形成的鸭蛋内。

(3) 鹅蛋

鹅蛋（Goose Egg）呈椭圆形，个体很大，味道有些油，每颗重 225～280 克，较一般鸡蛋约大四五倍。表面较光滑，呈白色，其蛋白质含量低于鸡蛋，脂肪含量高于其他蛋类，鹅蛋中还含有多种维生素及矿物质，但质地较粗糙，草腥味较重，食味不及鸡蛋和鸭蛋。

(4) 鸵鸟蛋

鸵鸟是世上最大的禽类动物，鸵鸟蛋（Ostrich Egg）则是世上最大的蛋。鸵鸟蛋一般纵径长 15～16 厘米，横径长 11～13 厘米，重量可达 1.5 千克，圆润、光洁、乳白色，具有象牙般的肌理和光泽。

(5) 鹌鹑蛋

鹌鹑蛋（Quail Egg）是一种很好的滋补品，在营养上有其独特之处，有“卵中佳品”之称。鹌鹑蛋近圆形，个体很小，一般只有 5 克左右，表面有棕褐色斑点。鹌鹑蛋的营养价值不亚于鸡蛋，还有较好的护肤、美肤作用。

2. 蛋类的烹饪应用

蛋类是西餐烹饪中常用的原料之一，可单独制作菜肴，也可以与其他各种荤素原料配合使用，适用于各种烹调方法，如煮、煎、炸、烧、卤、糟、炒、蒸、烩等，可制作多种菜肴，如“蛋松”“鸽蛋紫菜汤”“糟蛋”“鱼香炒蛋”“炸蛋卷”等。由于蛋类的本味不突出，所以可以进行任意调味，咸鲜、酸甜、麻辣、鱼香、五香、香辣、纯甜等味均能适应，如“糖醋蛋”“柠檬蛋”“糟蛋”“醉蛋”“卤蛋”等；还可以用于制作各种小吃、糕点，如“金丝面”“银丝卷”“蛋糕”等。蛋类还可以用于各种造型菜，如将蛋白、蛋黄分别蒸熟后制成蛋白糕和蛋黄糕，通过刀工或模具造型后，广泛用于各种造型菜式中。蛋还可以作为黏合料、包裹料，广泛用于煎、炸等烹饪方法中。在蛋类中以鸡蛋的用途最为广泛，主要表现在以下五个方面：

(1) 乳化剂，蛋黄中的卵磷脂是良好的乳化剂，可使油和水结合在一起，如制作蛋黄酱。

(2) 澄清剂，将蛋白加入热汤中，待凝固再将蛋块过滤，可使汤汁澄清，如制作清汤。

(3) 凝固剂，蛋在加热时，其蛋白质会凝固，同时会吸附大量水分子而产生凝固现象，如制作布丁。

(4) 稠化剂，液体原料经由蛋白质凝结可使其浓稠定型，如制作蛋乳冻。

(5) 黏合剂，蛋中的蛋白质受热会凝固，使食物中的材料黏合在一起，如原料蘸鸡蛋液后再粘上面包糠。

3. 蛋的品质鉴定

蛋重、蛋形、蛋壳状况、蛋白状况、蛋黄状况、气室大小、蛋比重、胚胎状况等均是影响蛋类品质的因素。对蛋的品质鉴定常用以下几种方法：

(1) 外观法

新鲜蛋的壳附着一层石灰质的微粒，好似一薄层霜状粉末，蛋壳没有光泽；陈蛋壳常有光泽，经过孵化的蛋壳异常光亮。

(2) 照检法

将蛋迎光透视，若全蛋透光，蛋黄暗影不见或略沉，空室小，蛋内部无斑块，蛋清浓厚，则为新鲜蛋。

(3) 破视法

将蛋壳打开观察，看蛋白、蛋黄、胚胎的状况，若浓蛋白多于稀蛋白，蛋黄呈球形且颜色较鲜艳，系带结实呈螺旋状者为新鲜蛋。

4. 蛋的储存方法

鲜蛋储存的基本原则是：维持蛋黄和蛋白的理化性质，尽量保持其原有的新鲜度；控制干耗；阻止微生物侵入蛋内及蛋壳，抑制蛋内微生物（由于禽生殖器官不健康导致在蛋壳形成之前被微生物污染）的生长繁殖。针对这三条原则采用的措施包括调节储存的温度、湿度，阻塞蛋壳上的气孔，保持蛋内二氧化碳的浓度。具体方法有冷藏法、浸渍法、气调法和涂膜法。

(1) 冷藏法

冷藏法是目前鲜蛋储存的主要方法，其特点是储存时间长、量大、质好。储存时，先将鲜蛋预冷，当温度降至 1～2℃ 时，将蛋放入冰箱或冷库，温度宜控制在 0℃ 左右，不可低于 −2℃，否则会冻坏，相对湿度为 82%～87%。

由于蛋纵轴耐压力较横轴强，鲜蛋冷藏时应纵向排列且最好大头向上。此外，蛋能吸收异味，故冷藏时尽可能不与鱼类等有异味的食品同室。

(2) 浸渍（石灰水）法

石灰水储存法使用简便、成本低，可储存鲜蛋 8 个月左右。此方法的原理是利用石灰水形成的微粒，封闭蛋壳上的气孔，使微生物不能进入蛋内，起内外隔离的作用。石灰水的配方是每 100 千克清水加生石灰 2 千克，形成溶液，然后将鲜蛋浸入石灰水中即可。

(3) 气调（粮食）法

将鲜蛋放入晒干后的豆类、谷类等粮食中，可使鲜蛋在较长时间内不变质。此方法的原理是利用粮食在呼吸过程中释放出的二氧化碳来抑制微生物的生长繁殖，同时抑制蛋本身的呼吸作用。储存时先在容器底部铺上一层粮食，然后堆放一层蛋，再一层粮食一层蛋堆满后，封上容器口即可。

(4) 涂膜法

涂膜储存法是选用石蜡松脂合剂为涂料，均匀地涂抹在蛋壳上，可封闭其气孔，使蛋内与外界隔绝，防止蛋中水分的散发，同时也可阻止微生物的侵入，从而起到保鲜的作用。

三、蛋制品

1. 皮蛋

皮蛋也称变蛋、松花蛋等，是我国独特的风味产品，已有数百年的生产史，不仅为国内广大消费者所喜爱，在国际市场上也享有盛名。

皮蛋按加工时所用禽蛋种类的不同，可分为鸭皮蛋、鹅皮蛋、鸡皮蛋和鹌鹑皮蛋等，以鸭皮蛋最多。按蛋黄中心形态不同，可分为溏心皮蛋和硬心皮蛋，溏心皮蛋是指皮蛋的蛋黄呈现出黏稠的饴糖状态，硬心皮蛋指蛋黄凝结而呈现出较硬的状态，如下图左所示。

【品质鉴选】皮蛋呈半透明的褐色凝固体，黝黑光亮，蛋白表面有松枝状花纹，切开后蛋块色彩斑斓，食之清凉爽口、香而不腻、味道鲜美。

【烹饪用途】松花蛋口感鲜滑爽口，色、香、味均有独到之处。皮蛋在烹饪中多做凉菜，也可做热菜或小吃。做凉菜可用麻油、香醋、酱油等调味，也可不调味食用，如“皮蛋拌豆腐”；做热菜，宜用于炸、熘、烩等烹调方法，如“醋熘变蛋”等。

【注意事项】皮蛋是用碱性物质浸制而成，食用时应配以姜末和食醋。

【储存方法】可放在塑料袋内密封保存或置于阴凉通风处保存。

2. 咸蛋

咸蛋是用鲜蛋经食盐腌制而成的一类蛋制品，蛋白如玉，蛋黄红艳，为传统出口产品。腌制的方法一般有包泥法和盐水法两种。

咸蛋的生产极为普遍，全国各地都有生产，名优产品有江苏高邮双黄咸蛋、湖北仙桃一点珠咸蛋、湖南益阳朱砂盐蛋、河南郸城唐桥咸蛋、浙江兰溪黑桃蛋等，其中尤以江苏高邮咸蛋最为著名。咸蛋的蛋白质可提供人体所必需的 8 种氨基酸，而且组成比例非常适合人体需要。咸蛋中的脂肪绝大部分在蛋黄内，极易被人体消化吸收。咸蛋中的矿物质和维生素含量比鲜蛋多，主要集中在蛋黄内，其中钙、磷、铁都很丰富，特别是咸蛋中的含钙量较高，是鲜鸡蛋的 10 倍，接近食品中含钙量最多的虾米；维生素 A 和核黄素的含量也较多，如下图右所示。

【品质鉴选】高邮麻鸭产蛋多，蛋头大，蛋黄比例大，尤以善产双黄蛋而驰名中外，其蛋可用蛋白“鲜、细、嫩”和蛋黄“红、沙、油”概括。

【烹饪用途】咸蛋在西餐烹调中主要用于蒸、煮后制作冷盘，也可制作“咸蛋蒸猪肉”“咸蛋蒸肉饼”“咸蛋紫菜鱼卷”“芦笋咸蛋”等；咸蛋黄还可在“赛蟹粉”“蟹黄豆腐”等菜肴中代替蟹黄使用。

【注意事项】蛋黄发黑的咸蛋不宜食用。

【储存方法】温度在 2～5℃时，蛋的保质期为 40 天；在 15℃左右可以保存 30 天；温度高于 25℃时，一般可保存 7～10 天。

皮蛋

咸蛋

思考与练习

1. 如何鉴别活鸡的质量?
2. 鲜蛋常用的鉴别方法有哪些?

第四章

水产品类原料

学习目标

1．了解常用水产品类原料的名称，掌握水产品类原料的品质鉴选与保鲜方法

2．根据水产品类原料的特点，掌握水产品类原料在烹饪中的应用

水产品是指生活或生长在水中具有一定经济价值，能供食用的一类动、植物性原料，如鱼类、虾蟹类、贝类、爬行类等。水产品的种类繁多、营养丰富，能提供丰富的维生素、矿物质、卵磷脂、优质蛋白质和高度不饱和脂肪酸，这些高度不饱和脂肪酸是人体必需的脂肪酸，具有重要的生理作用，人体不能自行合成，只能从鱼类和其他水产品中摄取。

鱼类

鱼类是终生生活在水中，以鳍游泳，以鳃呼吸，具有颅骨和上下颌的变温脊椎动物。由于不同鱼类所处的环境条件和生活习性不同，在长期适应和自然选择的影响下，形成了各种不同的体型，主要可分为四种基本体型，分别是纺锤形（鲫鱼、鲤鱼等）、侧扁形（鳊鱼、鲳鱼等）、平扁形（牙鲆、条鳎等）、圆筒形（鳝鱼、鳗鱼等）。但还有一些鱼由于特殊的生活习性而呈现特殊的体型，如带形的带鱼、球形的河豚，以及海马、海龙等。鱼类的头部有口、触须、眼、鳃等器官，躯干部和尾部有鳍、侧线、鳞等附属器官。

鱼类的家族庞大，根据其生活习性和栖息环境不同，概括起来可将其分为淡水鱼和海洋鱼两大类。

一、西餐常用淡水鱼

西餐常用的淡水鱼品种主要有三文鱼、鳟鱼、鳜鱼、鲈鱼等。

1. 三文鱼

三文鱼（Salmon）又名细鳞鱼、红点鲑鱼，与大马哈鱼同属硬骨鱼纲鲑科，属于鲑鱼的一种，是世界上著名的珍贵鱼种，主要产于美国、加拿大、挪威及英国的河口处等冷水区域，在我国的黑龙江、图们江等水系也有出产。

三文鱼鱼体呈纺锤形，长 60～70 厘米，重 3～5 千克。头后部逐渐隆起，口大吻凸，牙尖锐，眼小，体被圆鳞，银灰色，常具绯色宽斑，腹银白色，背鳍、胸鳍和腹鳍较小，尾鳍呈叉形，背部后方有一脂鳍，肉呈橘红色，滑嫩细致，如下图所示。

三文鱼

三文鱼肉

【品质鉴选】以肉质呈橘红色、无污染、无伤痕者为佳。

【烹饪用途】三文鱼肉呈橘红色，脂肪含量较高，质细嫩，味鲜美，可制作生鱼片，也可用于烧、煮、炖、焖等，还可以加工成肉馅。西餐中最著名的菜肴有“三文鱼刺身”及“煎焗三文鱼”。三文鱼肉除鲜食外还可以腌制、熏制，鱼卵常用来制作“红鱼子”，鱼肝脏可制取“鱼肝油”。

【储存方法】低温储存。

2. 鳟鱼

鳟鱼（Salmo Playtcephalus）是一类很有价值的垂钓鱼和食用鱼，全世界大约有10种。鳟鱼是一群分类上属于鲑科及鲑亚科鱼类的俗名，所有被称为鳟鱼的鱼类都是鲑亚科的成员。

鳟鱼又称瀑布鱼、七色鱼，体型呈长纺锤状，吻圆，鳞小而圆，背部和头部呈苍青色或深灰色，下腹部银白色，体侧、体背和鳍部有分散的小黑点，性成熟的个体体侧中部沿侧线有一条类似彩虹的紫红色彩带（由此而称为虹鳟）延伸至尾鳍基部，如下图所示。虹鳟鱼原产美国、加拿大，是世界重要养殖鱼类之一，也是西方人喜欢食用的淡水鱼品种。世界上的温带国家都有出产，常见的有金鳟、硬头鳟等品种。虹鳟鱼肉味清淡、鲜美，刺少肉多，营养丰富。

鳟鱼

【品质鉴选】以鲜活、无污染、无伤痕者为佳。

【烹饪用途】适用于水煮、烤、煎、油炸等烹调方法，如“盐烤鳟鱼”。

【储存方法】低温储存。

3. 鳜鱼

鳜鱼（Mandarin Fish）又称花鲫鱼、桂花鱼，分布于我国除青藏高原外的各地江湖中。体较高，侧扁，背部隆起，头尖长，口大、口裂略倾斜，下颌凸出，鳞细小、圆形，体色褐黄，腹部灰白，体侧有不规则的褐色斑点和斑块，一般体长30厘米，重1～1.5千克。鳜鱼背鳍棘有毒腺，被刺后会引起肿痛，初加工时应注意。鳜鱼肉质鲜嫩，以春季最为肥美，刺少，为上等食用鱼，如下图所示。

鳜鱼

【品质鉴选】以鲜活、无污染、无伤痕者为佳。

【烹饪用途】宜清蒸、红烧、家常烧，如“清蒸鳜鱼”“红烧鳜鱼”等。

【储存方法】活养或低温储存。

4. 鲤鱼

鲤鱼（Carp）又称鲤拐子，我国除青藏高原、新疆和甘肃河西走廊，以及阴山北侧、内蒙古的内陆河和湖无天然分布外，广布于其他各地。以黄河鲤鱼为最佳，现多为人工养殖。一年四季均产，以夏秋所产为佳。

鲤鱼体长、略侧扁，口端位，须两对，下咽齿呈臼齿形，背鳍基部较长，背鳍、臀鳍均具有粗壮的带锯齿的硬刺，背部灰黑、体侧金黄、腹部白色，雄性成体尾鳍、臀鳍呈橘红色，如下图所示。鲤鱼肉厚质嫩。

鲤鱼

【品质鉴选】以鲜活，江、河、湖所产为佳。

【烹饪用途】西餐中常用于煎。

【储存方法】活养或低温储存。

5. 鲈鱼

鲈鱼（Common Sea Perch）又称鲈板、花鲈，世界许多地方均有出产，以加拿大和澳大利亚湖产量最高。鲈鱼品种很多，如黄鲈、湖鲈、白鲈等。鲈鱼体长，体被小栉鳞，背侧呈青灰色，腹部灰白色，体侧及背鳍棘部散布黑色斑点，嘴大，背厚，刺少，肉质紧实，纤维较粗，但细嫩鲜美，如下图所示。

鲈鱼

【品质鉴选】以鲜活，江、河、湖所产为佳。

【烹饪用途】西餐中常用于煎、焗、烤等。

【储存方法】活养或低温储存。

6. 鳗鱼

鳗鱼（Eel）学名鳗鲡，又称河鳗、白鳝、青鳝，为鳗鲡科鳗鲡属鱼类。体细长，前部近圆筒形，后部侧扁，体长 40～50 厘米，背鳍、臀鳍、尾鳍相连，头尖，吻部平扁，鳞细小，埋于皮下，背部灰褐色，腹部白色，为洄游性鱼类，平时生活在淡水中，秋后成体鱼洄游入海产卵，亲鱼产卵后死去，卵在海中长成幼鱼后再进入江河生长肥育。鱼肉硬实、细腻，表皮光滑，口感肥厚，如下图所示。

鳗鱼

【品质鉴选】以鲜活，江、河、湖所产为佳。

【烹饪用途】宜煎、炒、烧、焖、蒸、烤，也适用于烟熏，如“熏鳗鱼”是十分受欢迎的西餐菜肴。

【储存方法】活养或低温储存。

7. 鲟鱼

鲟鱼（Sturgeon）主要产于俄罗斯和我国黑龙江流域。每年 6～8 月份为生产旺季。体长约1米，呈梭形，吻长而尖，身上被有两行纵列的菱形骨板，上面有尖锐的刺，背部呈灰色，腹部白色，无小刺。鲟鱼肉质鲜美，如下图所示。

鲟鱼

【品质鉴选】以鲜活，江、河、湖所产为佳。

【烹饪用途】常用于烟熏烹调方法。

【储存方法】活养或低温保存。

8. 龙利鱼

龙利鱼（Sole Fish）属鲽形目、舌鳎科、舌鳎属，俗称子板鱼、鳎目、鳎米。体甚侧扁，两眼均位于头部左侧，前鳃盖骨被有皮肤和鳞片，边缘不游离。背鳍和臀鳍均延长，常和尾鳍相连。有眼的一侧淡褐色，无眼的一侧为白色。龙利鱼肉质细嫩而紧密，味鲜而肥美，是高档食用鱼类，如下图所示。

龙利鱼

【品质鉴选】以鲜活或体态完整、肌肉有弹性、无伤痕、无污染者为佳。

【烹饪用途】适用于蒸、烧、炖等烹调方法。

【储存方法】活养或冰藏。

二、西餐常用海水鱼

西餐中常用的海水鱼品种主要有鳕鱼、沙丁鱼、鲳鱼、金枪鱼、石斑鱼、鳓鱼、银鱼等。

1. 鳕鱼

鳕鱼（Cod）属于鳕鱼科，又名大头青、大口鱼、大头鱼、明太鱼、水口、阔口鱼、大头腥、石肠鱼。鳕鱼主要分布于北太平洋，属冷水性底层鱼类。其体型长，稍侧扁，尾部向后渐细，一般体长25～40厘米，体重300～750克。头大，口大，体被细小的圆鳞，易脱落，侧线明显，头、背及体侧为灰褐色，并具不规则深褐色斑纹，腹部为灰白色，胸鳍浅黄色，其他各鳍均为灰色，如下图所示。鳕鱼肉质白细鲜嫩，清口不腻，是很多国家主要的食用鱼类之一，并被加工成各种鳕鱼食品。此外，鳕鱼的肝脏较大而且含油量高，富含维生素A和维生素D，是提取鱼肝油的原料。

鳕鱼

【品质鉴选】以外表完好无损、清洁、无异味者为佳。

【烹饪用途】常用于煎、炸、煮、铁扒、烟熏等烹调方法，如“地中海烤鳕鱼”。

【储存方法】低温储存或冰鲜。

2. 沙丁鱼

沙丁鱼（Sardine）属于鲱科，是硬骨鱼纲鲱形目鲱科沙丁鱼属、小沙丁鱼属和拟沙丁鱼属的统称，为世界重要的海洋经济鱼类。沙丁鱼身体细长侧扁，通常为银白色，背鳍短且仅有一条，无侧线，头部无鳞，体长15～30厘米，如下图所示。沙丁鱼密集群息，沿岸洄游，以大量的浮游生物为食，具有生长快、繁殖力强的特点。沙丁鱼体内含有一种具有5个双键的长链脂肪酸，可防止人体血栓的形成，对治疗心脏病有特效。

沙丁鱼

【品质鉴选】以外观完整，肉质有弹性，鱼鳃呈淡红色或暗红色者为佳。

【烹饪用途】沙丁鱼肉质鲜嫩，脂肪含量高，适宜清蒸、红烧、油煎、腌等烹调方法，均味美可口。

【储存方法】冰鲜或低温储藏。

3. 鲳鱼

鲳鱼（Pomfret）又称银鲳、镜鲳、鲳鳊，是名贵的经济鱼类之一。鲳鱼体短而高，呈卵圆形，体侧扁，头小，吻短，口小微斜，体被圆鳞，细小易脱落，背部青灰色，腹部乳白色，全体银色而具光泽，并密布黑色细斑，个体一般长20厘米左右，如下图所示。肉厚实而细嫩，白如凝脂，营养丰富，蛋白质含量高。

鲳鱼

【品质鉴选】以鲜活或体态完整、肌肉有弹性、无伤痕、无污染者为佳。

【烹饪用途】可煎、蒸、焖、炸等，菜式有“煎封鲳鱼”“清蒸鲳鱼”等。

【储存方法】冰藏或冷冻。

4. 大黄鱼

大黄鱼（Large Yellow Croaker）又称大黄花、大鲜、桂花黄鱼，为我国主要海产经济鱼类之一。大黄鱼体延长，侧扁，体长40～50厘米。头大而尖凸，体被栉鳞，鳞较小，背侧黄褐色，腹侧金黄色，如下图所示。大黄鱼肉松软呈蒜瓣状，细嫩鲜美。

大黄鱼

【品质鉴选】以鲜活或体态完整、肌肉有弹性、无伤痕、无污染者为佳。

【烹饪用途】适用于烧、焖、蒸、炸等烹调方法，也用于制羹和制糁，如“希腊风蒜香黄鱼”等。

【储存方法】冰藏或冷冻。

5. 金枪鱼

金枪鱼（Tuna）也称鲔鱼、吞拿鱼，是一种生活在海洋上层水域的鱼类，分布在太平洋、大西洋和印度洋的热带、亚热带和温带广阔水域，属大洋性高度洄游鱼类。从生物学的分类上讲，广义的金枪鱼是指鱼类中的鲭科、箭鱼科共计约 30 种鱼类。经济价值较大的种类包括蓝鳍金枪鱼、马苏金枪鱼、大眼金枪鱼、黄鳝金枪鱼、长鳍金枪鱼和鲣鱼 6 种，其中多数品种体积巨大，最大的体长可达 3.5 米，重达 600～700 千克，而最小的品种只有 3 千克。金枪鱼肉质柔嫩，味道鲜美，口感醇厚，因肌肉中富含肌红蛋白，所以肉质呈红色，如下图所示。

金枪鱼

【品质鉴选】以外表完好、清洁、无异味者为佳。

【烹饪用途】蓝鳍金枪鱼、马苏金枪鱼、大眼金枪鱼、黄鳝金枪鱼是做生鱼片的原料鱼，长鳍金枪鱼和鲣鱼主要用来做金枪鱼罐头原料。也可用于煎制，如“香煎金枪鱼”等。

【储存方法】低温储存或冰鲜。

6. 石斑鱼

石斑鱼（Grouper）又称石樊鱼、高鱼、过鱼，主要分布于印度洋和太平洋西部，我国主产于南海和东海南部，为暖水性的大中型海产鱼类。体中长，呈椭圆形，稍侧扁，口大，牙细而尖，体被小栉鳞，有时埋于皮下，体色多变异，常呈褐色或红色，并具条纹与斑点。石斑鱼的品种很多，常见的品种有赤点石斑鱼（又称花斑）、纵带石斑鱼（又称带石斑）、青石斑鱼（又称青斑）和宝石石斑鱼等，如下图所示。石斑鱼营养丰富，肉质细嫩洁白而鲜美，类似鸡肉，素有“海鸡肉”之称，是一种低脂肪、高蛋白的上等食用鱼。

【品质鉴选】以鲜活或体态完整、肌肉有弹性、无伤痕、无污染者为佳。

【烹饪用途】宜清蒸、烧、熘、炒，也可用于制糁，如“香煎石斑块”“清蒸石斑鱼”等。

【储存方法】冰藏。

赤点石斑鱼　纵带石斑鱼

青石斑鱼　宝石石斑鱼

7. 鳓鱼

鳓鱼（Long－Finned Herring）又称曹白鱼、白鳞鱼，我国沿海均产，为暖水近海鱼类。体侧扁，口斜向上、下颌凸出，眼睑发达，体被薄圆鳞，无侧线，腹部有锯齿状棱鳞，体侧银白色，背面黄绿色，背鳍和臀鳍短，尾鳍深分叉，如下图所示。鳓鱼味道鲜美，肉质细嫩，但细刺较多。鳓鱼的营养价值极高，其蛋白质、脂肪、钙、钾、硒含量均十分丰富；鳓鱼富含不饱和脂肪酸，具有降低胆固醇的作用，对防止血管硬化、高血压和冠心病等有益处。

鳓鱼

【品质鉴选】以鲜活或体态完整、肌肉有弹性、无伤痕、无污染者为佳。

【烹饪用途】鳓鱼肉质鲜嫩肥美，宜烧、清蒸、炸、焖等，如“香煎鳓鱼块”“清蒸鳓鱼”等。

【储存方法】冰藏或冷冻。

8. 比目鱼

比目鱼（Flounder）又叫鲽鱼，主要产于大西洋、太平洋、白令海及许多内海地区。其身体呈扁平状薄片，长椭圆形，有细鳞，两眼都在右侧，左侧常常朝下，卧在沙底，生活在浅海中，如下图所示。比目鱼有若干品种，如柠檬鲽、灰鲽、白鲽等。比目鱼肉质细嫩、鲜美。

比目鱼

【品质鉴选】以鲜活或体态完整、肌肉有弹性、无伤痕、无污染者为佳。

【烹饪用途】适用于煎、炸、煮、烤、焖等烹调方法，如“香煎比目鱼”“清蒸比目鱼”“红烧比目鱼”等。

【储存方法】冰藏或冷冻。

9. 红鲷鱼

红鲷鱼（Red Snapper）主产于大西洋，我国渤海、黄海、东海、南海等地也有分布。红鲷鱼体有红色斑点，尾鳍后缘呈黑色，头大，口小，上下颌前体呈圆锥形，后部呈臼齿状，体被栉鳞，背鳍和臀鳍的上部呈破刺形状，红真鲷体高而侧扁，如下图所示。红鲷鱼肉质细嫩，略带甜味，特别是鱼头颅腔内含有丰富脂肪，营养价值很高。

红鲷鱼

【品质鉴选】以体态完整、肌肉有弹性、无伤痕、无污染者为佳。

【烹饪用途】适宜生食，制作罐头和红烧、煎、熏、蒸等烹调方法，如“红烧红鲷鱼”“香煎红鲷鱼”“清蒸红鲷鱼”等。

【储存方法】冰藏或冷冻。

10. 鲐鱼

鲐鱼（Mackerel）又名青花鱼、油胴鱼、鲭鱼、花池鱼，产于太平洋西部，我国沿海均有分布。鱼体粗壮细长，呈纺锤形，侧线位近脊背，鳞小而光滑，背鳍 2 个，在背鳍和臀鳍的后部上下各有 5 个小鳍。体背青蓝色，并有不规则的花纹，头顶浅黑色，腹部淡黄色，如下图所示。鲐鱼肉含有丰富的蛋白质、维生素和矿物质，其肝可提炼鱼肝油。

鲐鱼

【品质鉴选】以体态完整、肌肉有弹性、无伤痕、无污染者为佳。

【烹饪用途】适于熏、腌、煎和烤等烹调方法，如“酱烧鲐鱼”“烧烤鲐鱼”“红烧鲐鱼”等。

【储存方法】冰藏或冷冻。

11. 鮸鱼

鮸鱼（Nibe）又称米鱼，敏子、敏鱼，产于北大西洋，属于鳕鱼家族。鮸鱼体延长而侧扁，背、腹部浅弧形，一般体长 45～55 厘米，体重 500～1000 克，大的个体可达十几千克，口大而微斜，体被栉鳞，鳞片细小，表层粗糙，头部被圆鳞，颌孔 4 个，中央颌孔及内侧颌孔呈四方形排列，无颌须。体色发暗，灰褐并带有紫绿色，腹部灰白。背鳍鳍棘上缘黑色，鳍条部中央有一纵行黑色条纹，胸鳍腋部上方有一青斑，其余各鳍灰黑色，如下图所示。鮸鱼肉厚，眼珠鲜红，无细刺，味道鲜美，但肉质略粗糙。

【品质鉴选】以体态完整、肌肉有弹性、无伤痕、无污染者为佳。

【烹饪用途】适于煎、烤、炸、蒸等烹调方法，如“烧烤鮸鱼”“红烧鮸鱼”“香煎鮸鱼”等。

【储存方法】冰藏或冷冻。

鲵鱼

12. 海鳗

海鳗（Daggertooth Pike Conger）又称门鳝、狼牙鳝、勾鱼，属暖水性近底层鱼类。呈长圆筒形，后部侧扁，头尖长，口大，上颌牙强大锐利，背鳍和尾鳍相连，无腹鳍，体无鳞，背部银灰色或暗褐色，腹侧近乳白色。个体一般长 40 厘米左右，长者可达 100 厘米以上，如下图所示。肉质细嫩肥美、味鲜。

海鳗

【品质鉴选】以新鲜或体态完整、肌肉有弹性、无伤痕、无污染者为佳。

【烹饪用途】宜熘、炒、烧、焖、蒸，也适于烟熏，如“熏海鳗鱼”。

【储存方法】冰藏或冷冻。

13. 银鱼

银鱼（Salangid）俗称面丈鱼、炮仗鱼、帅鱼、面条鱼、冰鱼、玻璃鱼等，分布于东亚咸水和淡水中，我国渤海、黄海、东海沿岸的河口均有分布，太湖银鱼较为有名。有大银鱼和小银鱼之分，共同特征为体细长，似鲑，无鳞或具细鳞，略透明，头平扁，后部稍侧扁，口大，两颌和口盖常具尖牙。背鳍和脂鳍各一个，体光滑无鳞，如下图所示。大银鱼可长到 7～10 厘米，很少长于 15 厘米。因体长略圆，细嫩透明，色泽如银而得名。

【品质鉴选】以新鲜、无伤痕者为佳。

【烹饪用途】适于炸、熘、蒸、焖等烹调方法。在西餐中常经腌制加橄榄油（Olive Oil）浸制而成腌银鱼，腌银鱼也是西餐中常用的调味原料。

【储存方法】冰藏或冷冻。

银鱼

三、鱼类原料的质量判断与储存

1. 鱼类原料的质量判断

鱼类的质量取决于鱼的新鲜程度，而鱼类是否新鲜，一般情况下可通过人的感官，根据鱼鳃、鱼眼、鱼鳞、鱼鳍、鱼唇、鱼皮、鱼肉的松紧程度，鱼皮和鱼组织中所分泌的黏液量、气味以及鱼肉横截面的色泽进行判断。

(1) 鱼鳃

新鲜鱼的鳃盖紧密质坚，鳃内整洁，鳃板鲜红或粉红，黏液较少并呈透明状，没有异味；不新鲜的鱼鳃盖松弛，表面污秽，鳃内不洁，鳃板黑灰，黏液多并有异味。

(2) 鱼眼

新鲜鱼的眼球饱满并稍凸出，澄清而透明，并且很完整，周围没有充血的现象；不新鲜鱼的眼球多少有些塌陷，色泽灰暗，有时由于内部溢血而发红；腐败鱼的眼球破裂，并移动了位置。

(3) 鱼鳞

新鲜鱼的鱼鳞鲜明，有光泽，附着牢固，不易剥脱，无黏液或表面透明，无异臭味，或有少量黏液；不新鲜鱼的鱼鳞光泽稍差，黏液较多；腐败鱼的鳞很容易剥脱，光泽暗淡，表面黏液多，且混浊黏腻，有异臭味。

(4) 鱼鳍

新鲜鱼的鱼鳍表皮完好；新鲜度较差的鱼，鱼鳍部分表面破裂，光泽减退；腐败鱼的鱼鳍表皮消失，翅骨暴露且散开。

(5) 鱼唇

新鲜鱼的唇肉结实，不变色；不新鲜鱼的唇肉苍白无光泽；腐败鱼的唇肉苍白并与骨分离开裂。

(6) 鱼皮

新鲜鱼的表皮上黏液较少，体表清洁，鱼皮未变色，有弹性，用手压下的凹陷马上恢复，肛门周围呈一圆坑形，硬实皮白，肚腹不膨胀；不新鲜鱼的表皮上黏液增多，透明度下降，鱼背较软，苍白色，用手压下的凹陷不能平复，失去弹性；腐败鱼的肛门较多凸出，同时肠内充满因细菌活动而产生的气体使腹部膨胀，有腐臭味。

(7) 鱼肉

新鲜的鱼肉组织紧密而有弹性，肋骨与脊骨处的鱼肉组织很结实；不新鲜的鱼肉松弛，用手拉脊骨与肋骨极易脱离；腐败的鱼肉有霉味、酸味。

活鱼以在水中游动活泼自如，对外部的刺激有敏锐的反应，身体各部分（如口、眼、鳃、鳞、鳍）都完整无缺者为佳。冰冻鱼的鱼体应当是坚硬的，用硬物敲击时能发出清晰的响声，其温度应在 −8～−6℃。

检验鱼的品质应综合运用各种感官检验方法，以防止一些不良商贩使用不正当手段。如有些商贩用鱼血涂在不新鲜鱼的鳃上，如果只是片面地通过鱼鳃去检验鱼的品质，那就会上当受骗。

2. 鱼类原料的储存

从市场采购回的鱼类有些是刚捕获的活鱼，有些是经过短时间储存的，有些是经过长时间冷冻的。因此，鱼类在储存过程中应针对不同情况，采用科学、正确的储存方法，保持鱼的新鲜度。

(1) 活养

1）鱼池要求干净、宽阔，让鱼能游动自如。新建的鱼池必须经过消毒、水泡，水泡的时间最好不少于 15 天。

2）水质要求根据鱼池所养鱼的不同，分别选用不同水质的水。如果养海鱼，最好选用无污染的海水，如果没有海水，可以使用“海水晶”（根据海水特点配制成的一种结晶体，使用时按比例冲入清水中即可制成与海水相似的水），也可以在清水中加入适量的盐。如果养淡水鱼，可以用清水，但池水要清，不能有污水、污物，尤其是不能有油腻物混入。现在造的鱼池大都使用循环水，且有过滤设备，但也应保证 1 个月左右换一次水。

3）大部分鱼适宜的池水温度为 20～30℃，因此，鱼池必须装有制冷设备，防止夏天天气炎热造成鱼的死亡。

4）尽管鱼池大都装有循环水系统，水进入鱼池时可以产生水花，可增加水的含氧量，但还必须安装供氧设备，使鱼池内的水有足够的氧气，便于鱼类顺利呼吸。

此外，还应注意将不同鱼类分别装入不同鱼池，防止它们在同一池内互相残杀，或把适应相同生活环境的鱼放入同一鱼池，但应注意池里的鱼不能太多。

(2) 冷藏

对已经死亡的各种鱼类，储存方法以冷藏为主。冷藏时应先把鱼体洗净，去净内脏，滤干水分。冷藏的温度视不同情况而定，一般应控制在－4℃以下；如果数量太多，需储存较长时间，温度宜控制在－20℃左右。冷藏时应注意堆放不宜堆叠过多，否则冷气进不了鱼体内部就会引起外面冻而内变质的现象。

经冷藏的冻鱼烹制前，应充分解冻，最好采取自然解冻的方法。

第二节 其他水产品

水产品除了鱼类外，还包括虾蟹类和软体类，它们也是西餐烹调中常用的重要原料。

一、虾蟹类原料

虾蟹的组织构造与其他水产动物的最大区别是以坚硬如甲的石灰质外壳来保护身体内部的柔软组织。虾蟹类的外壳就是它们的骨骼，称为外骨骼。在外骨骼上有许多色素细胞，这些细胞中的色素属类胡萝卜素的虾青素，当加热或遇酒精时其蛋白质发生变性，虾青素析出后被氧化为红色的虾红素，因此虾蟹烹调后的色泽艳丽。外骨骼的里面是柔软纤细的肌肉和内脏，虾的内脏少、肌肉多，蟹则相反，腹腔内容物多，肌肉少。虾蟹的肌肉均为横纹肌，肌肉洁白，肉质细嫩，持水力强。

1. 虾

虾（Shrimp）是一类生活在水中的节肢动物，属节肢动物甲壳类，分海水虾和淡水虾两大类。其具体种类很多，我国就有 400 多种，以海产虾的种类和资源量居多。虾的腹部肌肉发达，包括腹部屈肌、斜伸肌、斜屈肌，其去皮后的鲜品称为“虾仁”，将其干制后称为“虾米”。常作西餐烹饪原料运用的品种有对虾、龙虾、基围虾、斑节虾、沼虾、青虾、白虾、濑尿虾等。

(1) 对虾

对虾（Penaeus Orientalis），学名东方对虾，又称中国对虾、大虾、明虾，我国沿海各地均有对虾出产，以烟台、青岛产量较大。对虾是对海虾的统称，过去曾按对数计价，常以每两只一对互插在一起销售，因此称对虾。对虾为广温广盐性海产动物，其腹部较长，肌肉发达，分节明显。对虾身弯如弓，头有枪刺，有钳，须长，腹前多爪，有三叉尾，如下图所示。雌性体长一般16～22厘米，重50～80克，最大的可达30厘米，重250克；雄性较小，体长一般13～18厘米，重30～50克。对虾肉色透明，肉爽滑，味鲜美。

对虾

【品质鉴选】以虾身弯曲自然、有弹性，四肢完整，虾壳光亮、坚硬，虾肉坚实者为佳。

【烹饪用途】烹饪方法较多，所制作的菜肴品种尤其是花式品种非常多。以煎、炸、焗、蒸为多见，生吃也较多，如“培根虾卷”“香煎地中海式大虾”等。

【储存方法】活养或低温冷藏。

(2) 龙虾

龙虾（Lobster）又名大虾、虾魁、虾王等，分布于世界各大洲的热带至温带沿岸海域，品种繁多，一般栖息于温暖海洋的近海海底或岸边，我国产的龙虾至少在8种以上。龙虾全身披坚硬的甲壳，还长有很多尖锐的刺，有2条长而带刺的触鞭和5对粗壮的脚，体表呈草绿色，步足有黄、黑色环带，腹肢及尾扇末端呈橘黄色。全身分为头胸部和腹部两大部分，头胸部粗大，呈圆筒形，腹部比较短小，背腹稍扁，尾经常曲折于腹下；体长20～40厘米，体重一般为0.5千克左右，大者可达5千克，有“虾中之王”之称，如下图所示。龙虾肉质细嫩、滑脆，味道鲜美香甜。

【品质鉴选】以鲜活，应激反应强，虾身弯曲自然、有弹性，四肢完整，虾壳光亮、坚硬，虾肉坚实者为佳。

【烹饪用途】龙虾体大，肉质细嫩，滋味鲜美，可食部分约占体重的60%，西餐中可烹制多种菜肴，尤以生吃为佳，也常用焗来制作龙虾，最著名的菜肴是“芝士焗龙虾”。

龙虾

【储存方法】活养或低温冷藏。

(3) 基围虾

基围虾 (Shrimps) 是一种人工养殖的海虾。“基围”指人工挖掘的海滩塘堰，趁海水涨潮时将海水和海虾引入“基围”，养至一定时期，又趁退潮时放水并网在闸口捕虾，故而将此虾命名为基围虾。由于是人工饲养，饵料丰富，所以基围虾肥美细嫩，如下图所示。

基围虾

【品质鉴选】以虾身弯曲自然、有弹性，四肢完整，虾壳光亮、坚硬，虾肉坚实者为佳。

【烹饪用途】宜蒸、炸、煮、爆、焗、烤等，如“培根虾卷”“香煎地中海式大虾”等。

【储存方法】活养或低温冷藏。

(4) 斑节虾

斑节虾（Prawn）俗称黑虎虾、鬼虾、草虾、花虾、牛形对虾，联合国粮农组织统称其为大虎虾，分布区域很广，我国沿海均有出产。斑节虾体被黑褐色、土黄色相间的横斑花纹，额角上喙 7～8 齿，下喙 2～3 齿。额角侧沟相当深，伸至目上刺后方，但额角侧脊较低且钝，额角后脊中央沟明显，有明显的肝脊，无额胃脊。斑节虾是对虾中个体最大的一种，发现的最大个体长达 33 厘米，体重 500～600 克。成熟虾一般体长 22.5～32 厘米，体重 137～211 克，雌虾大于雄虾，是深受消费者欢迎的名贵虾类。斑节虾个体大，壳较厚，可食比例低于对虾，但肉质鲜美，营养丰富，如下图所示。

斑节虾

【品质鉴选】以虾身弯曲自然、有弹性，四肢完整，虾壳光亮、坚硬，虾肉坚实者为佳。

【烹饪用途】宜蒸、炸、煮、爆、焗、烤等，如“培根虾卷”“香煎地中海式大虾”“油焖斑节虾”等。

【储存方法】活养或低温冷藏。

(5) 沼虾

沼虾（Macrobrachium Superbum）又称河虾、青虾，是一种淡水虾，遍布于热带、亚热带地区，偶在温带淡水中，有时也在咸水中生活，有 175 种以上，我国就有 35 种。沼虾体型较粗短，侧扁，体长 4～8 厘米，体色青丽透明，有的身上还带有棕色斑纹，头胸部较大，额角短于胸甲，步足 5 对，前两对呈钳状，其中第二对特别长，超过身体长度（雄虾则超过体长 2 倍）。最大的种如罗氏沼虾，雄性体长可达 40 厘米，一般种体长 50～10 厘米。沼虾肉味鲜美，营养丰富。

【品质鉴选】以虾身弯曲自然、有弹性，四肢完整，虾壳光亮、坚硬，虾肉坚实者为佳。

【烹饪用途】宜炸、油焖，也可取虾仁熘、炒、烧、烩，或用于制作虾糁。

【储存方法】活养或冰藏。

2. 蟹

蟹（Crab）的种类很多，其中大多数为海生，以热带浅海种类最多。蟹的螯肢、其他附肢、头胸部中连接的螯肢内肌肉发达。蟹肉含有丰富的蛋白质、微量元素等营养物质，肉质细嫩，味道极其鲜美。蟹黄中含有丰富的蛋白质、磷脂和其他营养物质，营养丰富，但同时也有较高含量的油脂和胆固醇。西餐中常见的有蓝蟹、梭子蟹、中华绒螯蟹等。

（1）蓝蟹

蓝蟹（Blue Crab）也称青蟹，得名于其腿部和螯足的蓝色（蟹壳呈棕绿色，蟹腹为白色），是大西洋西岸常见的食用蟹，常栖息于泥岸、港湾和三角洲地区。其头胸甲约 7.5 厘米长，15～18 厘米宽，两侧各伸出一大根尖刺，在大刺和眼之间又各有 8 根短刺，如下图所示。蓝蟹与亚洲的一些游水蟹品种十分相似，包括产自印度尼西亚和菲律宾的远海梭子蟹及产自中国的大闸蟹。在美国，蓝蟹以活蟹、精选蟹肉及软壳蟹的形式销售。大量蓝蟹在脱壳期被捕捞，这些蓝蟹被置于养殖柜中，一旦它们脱壳成为“软壳蟹”，就可以高价销售。蓝蟹平均含有 15% 的肉质，味鲜美，维生素 B_{12} 的含量较高。

蓝蟹

【品质鉴选】以个体肥大、体重、肢体完整、肌肉坚实者为佳。

【烹饪用途】去除眼和鳃后，软壳蟹可整只食用。软壳蓝蟹是一种季节性美味佳肴，通常油炸后食用。

【储存方法】活养或冰藏。

(2) 梭子蟹

梭子蟹（Swimming Crab）又称三疣梭子蟹、海蟹、枪蟹，有些地区称其为“白蟹”，我国沿海均产，以黄海、渤海最多，四月出产最肥美。梭子蟹头胸甲呈菱形，稍隆起，两侧具长刺，体上有疣状凸起 3 个，蟹足发达，长节呈棱柱形，内缘具钝齿，第四对步足呈桨状，如下图左所示。雄性体蓝绿色，雌性体深紫色。梭子蟹肉质细嫩、洁白，富含蛋白质、脂肪及多种矿物质，味道鲜美，营养丰富。

【品质鉴选】以个体肥大、体重、肢体完整、肌肉坚实者为佳。

【烹饪用途】整只入馔宜清蒸、酥炸、烘焖，也可取净肉入烹，能做多种菜式。

【储存方法】活养或冰藏。

(3) 中华绒螯蟹

中华绒螯蟹（Eriocheir Sinensis）又称河蟹、毛蟹、清水蟹，俗称大闸蟹，我国境内广泛分布于南北沿海各地湖泊，以江苏、安徽所产的大闸蟹颇为有名。雌蟹腹部为半圆形，俗称“团脐”；雄蟹腹部为三角形，俗称“尖脐”。大闸蟹肉质细嫩，口感极其鲜美，如下图右所示。

【品质鉴选】先观外表，颜色鲜明，轮廓明朗，刚毛密挺，符合青紫（背）、白肚、金毛的条件。其次用手指压蟹足，足丰厚身为饱满。最后用手指轻敲眼睛附近，凡眼睛闪动灵活，一再口喷泡沫的，食味必鲜。另外，以蟹个体肥大、体重、肢体完整、肌肉坚实者为佳。

【烹饪用途】宜炒、清蒸、烘、焖。

【注意事项】自然死亡的蟹不宜食用。

【储存方法】活养、冰藏。

梭子蟹

中华绒螯蟹

二、软体类原料

软体类原料的一般构造有头部、足部、躯干部、外套膜和贝壳，外表形态差异较大，如腹足纲的海螺、鲍鱼，瓣鳃纲的文蛤、河蚌，头足纲的乌贼、章鱼。它们形态虽各不相同，但基本构造是一致的。

贝壳的数目和形状因种类不同而不同，腹足类为单一螺旋形；瓣鳃类为两个，呈瓣状；头足类的贝壳，有的为外壳，但大多数退化为内壳（如海螵蛸），藏于背部外套膜之下。贝壳的主要成分是碳酸钙，还含有少量的贝壳素和其他无机物及有机物。

外套膜为贝壳躯干部背侧皮肤的一部分褶襞延伸而成。外套膜由内外表皮、结缔组织及少数肌肉纤维组成。瓣鳃类和头足类的外套膜，几乎可被认为是主要的食用部位。但这两类外套膜供食用的质地却不一样，主要是它们外套膜的内部构成比例不同，瓣鳃类的外套膜肌肉构成较发达的是闭壳肌，如烹饪中常用的原料——干贝，就是这类动物中的闭壳肌干制而成；头足类的外套膜呈袋状，故又称“胴部”，胴部肌肉特别发达，所有的内脏器官都包被在胴部内。腹足类的外套膜组织很薄，但这类动物的足部却较发达，呈肉质块，位于腹面，是主要食用部分。

软体类原料可归纳为头足类（如乌贼、鱿鱼等）、腹足类（如田螺、鲍鱼等）和瓣鳃类（文蛤、河蚌等）三类。

1. 头足类

头足类是软体动物所有种类的统称，其主要特征是身体分为头、颈和躯干三部分，有头足，又分腕及触手两种形态，足基部腹面有管状的漏斗，用以排出外套腔内的水，如乌贼、鱿鱼等。

(1) 乌贼

乌贼（Cuttlefish）又称花枝、墨鱼、目鱼、乌鱼、墨斗鱼，属海洋软体动物，分布于世界各大洋，主要生活在热带和温带沿岸浅水中，冬季常迁至较深海域，我国沿海均产，以舟山群岛出产最多。常见的乌贼品种有金乌贼和无针乌贼，后者的产量较大。乌贼体呈袋状，触腕 10 条，几乎与体同长，如下图所示。乌贼鲜品色白，肉厚味美，质地脆嫩。

金乌贼

无针乌贼

【品质鉴选】以新鲜、体完整、无伤痕、无污染者为佳。干品乌贼称墨鱼干，品质以体型均匀、平整干爽、肉厚实、有香味者为佳。

【烹饪用途】鲜品宜爆、炒、凉拌、铁板等。

【储存方法】冷冻、冰藏或干制。

(2) 鱿鱼

鱿鱼 (Sleeve－Fish) 又称枪乌贼、柔鱼，主要分布于热带和温带浅海地区，我国南部沿海均有出产。其体型呈圆锥形，体色苍白，有淡褐色斑，头大，前方生有触足10条，尾端的肉鳍呈三角形，常成群游弋于深约20米的海洋中。鱿鱼肉色洁白，肉厚，味道鲜美，营养丰富，如下图所示。

鱿鱼

【品质鉴选】以色白、肉厚者为佳。

【烹饪用途】鲜品宜爆炒、烧烤、凉拌。

【储存方法】冷冻、冰藏或干制。

2. 腹足类

腹足类动物身体分为头、足、内脏囊及外套膜四部分，头部发达，具1～2对触手，触手的顶端或基部有眼。绝大多数种类体外有一发达的贝壳，头、足、内脏囊均可缩入壳内，如鲍鱼、海螺等。

(1) 鲍鱼

鲍鱼 (Abalone) 又称海耳，其名为鱼，实则种属原始海洋贝类，为单壳软体动物。由于其形状似人的耳朵，故称之为“海耳”。鲍鱼通常生长在水温较低的海底，足迹遍及太平洋、大西洋和印度洋，公认的最佳产地为日本北部和墨西哥，我国东北部沿海也是传统产区。全世界已命名的 216 种鲍鱼中，分布在我国沿海的有 7 种，其中又以北部渤海湾出产的皱纹盘鲍和东南沿海出产的杂色鲍最为多见。鲍鱼是海产“八珍”之一，有“海味之冠”的美誉，是名贵的高蛋白、低脂肪食品。其肉质细嫩，营养丰富，因富含谷氨酸，味道非常鲜美。举世公认的三大名鲍分别是网鲍、吉品鲍和禾麻鲍，其他还有杂色鲍、盘大鲍、耳鲍和半纹鲍等。鲍鱼干又称干鲍，系用鲜鲍鱼经去壳、去内脏、盐腌、煮熟、晒干而成。品种有紫鲍、明鲍、灰鲍等，品质以紫鲍为最佳，如下图所示。

鲍鱼

鲍鱼肉

【品质鉴选】以足块肥、肌肉坚实、无破损、无污染者为佳。

【烹饪用途】其味鲜美，主要食用其肥厚的足块，可红烧、刺身等，多以整形食用。

【储存方法】活养，也可制成鲍鱼干和罐头。

(2) 海螺

海螺（Sea Snail）又称红螺，主要产于沿海浅海海底，遍布世界各地，种群大都集中在环太平洋、印度洋等海域，在我国主要以山东、辽宁、河北居多。海螺的壳边缘轮廓略近梨形，大而坚厚，壳高 10 厘米左右，宽 9 厘米，螺层 5～6 级，每层宽度迅速增加形成肩角。壳顶尖细，壳口内为杏红色，有珍珠光泽。壳面粗糙，具有排列整齐而平的螺肋和细沟，如下图所示。海螺肉富含蛋白质、维生素 A 和人体必需的氨基酸及铁、钙等微量元素，是典型的高蛋白、低脂肪、高钙质的天然动物性保健食品，肉质紧实、有嚼劲、味鲜美。

【品质鉴选】以足块肥、肌肉坚实、无破损、无污染者为佳。

【烹饪用途】主要食用其足块，常切片食用，味鲜美，也可切片后进行爆、炒、氽、烧、蒸等。

【储存方法】活养或冰藏。

海螺

3. 瓣鳃类

这一类动物全部生活在水中，大部分海产，少数生活在淡水中，为软体动物门的一个纲，因鳃为瓣状，故称瓣鳃类，具贝壳一对，一般左右对称，也有不对称的。西餐中常见的有牡蛎、蛤、扇贝、带子、蛏子、蜗牛、象拔蚌等。

(1) 牡蛎

牡蛎（Oyster）又称鲜蚝、海蛎子、蛎黄，大都为人工养殖，在亚热带、热带沿海都适宜养殖，我国分布很广，北起鸭绿江，南至海南岛，沿海皆可产蚝。有两个贝壳，两贝壳形态变化较大，两壳不对称，不规则，壳厚重，左壳（即下壳）稍大而凹，固着于其他物上；右壳（即上壳）稍小而平，盖于左壳上，壳的表面生有鳞片，凹凸不平，如下图所示。牡蛎富含蛋白质、锌、欧米伽三脂肪酸及酪氨酸，胆固醇含量低，锌的含量极高。蚝肉既肥嫩又鲜美，且营养价值高。

牡蛎

牡蛎肉

【品质鉴选】以贝肉柔软鼓胀有光泽，开合肌略呈透明而有力，刺出的贝肉多皱褶；外观上以蚝壳大而深、相对较重者为佳。

【烹饪用途】在洁净水质中生长的牡蛎可以直接生食，西餐中以生食为主，另外，还可干制或做罐头，适宜炒、炸、烩或制汤等烹调方法。

【储存方法】活养或冰藏。

(2) 蛤

蛤（Clam）又称蛤蛎、蚌、花甲，是双壳纲软体动物的统称，其壳卵圆形，淡褐色，边缘紫色，大都生活在浅海沙质水底中。蛤的种类极多，体型差异也极大，常见的有花蛤、文蛤、西施舌等诸多品种，肉质软嫩，味道鲜美，富含蛋白质、脂肪、糖类、铁、钙、磷、碘、维生素、氨基酸和牛磺酸等多种营养成分，是物美价廉的海产品，如下图所示。

蛤

【品质鉴选】以鲜活、大小均匀、无污染者为佳。

【烹饪用途】蛤蜊肉嫩味鲜，适于氽、爆、蒸、炒、烧、炖等方法。西餐中常常利用蛤的鲜味来制汤。

【储存方法】活养或冰藏。

(3) 扇贝

扇贝（Scallop）是扇贝属双壳类软体动物的代称，广泛分布于世界各海域，以热带海洋的种类最为丰富，也是我国沿海主要养殖贝类之一。世界上扇贝共有 60 多个品种，我国约占一半。常见的扇贝养殖种类有栉孔扇贝、海湾扇贝和虾夷扇贝。扇贝有两个壳，大小几乎相等，壳面一般为紫褐色、浅褐色、黄褐色、红褐色、杏黄色、灰白色等，因贝壳很像扇面，故称其为“扇贝”。贝壳内面为白色，壳内的肌肉为可食部位。扇贝只有一个闭壳肌，闭壳肌肉色洁白、细嫩，味道鲜美，营养丰富。闭壳肌干制后即是“干贝”，被列入八珍之一，如下图所示。

扇贝

【品质鉴选】以鲜活、大小均匀、闭壳肌发达者为佳。

【烹饪用途】适于汆、爆、炒、蒸、炸等烹调方法。

【储存方法】活养、冰藏。

(4) 带子

带子（Fillet），北方称之为鲜贝，常见的有两类：一类是长带子，属江瑶科贝类的闭壳肌；另一类是圆带子，属扇贝科贝类的闭壳肌。带子在广东、海南沿海盛产，呈肉圆形，扁状，可鲜食，也可晒干食，其肉质嫩滑味美，营养价值极高，是珍贵的海产食品，如下图所示。

带子

【品质鉴选】以鲜活、大小均匀、闭壳肌发达者为佳。

【烹饪用途】适于汆、爆、炒、蒸、炸等烹调方法。

【储存方法】活养或冰藏。

（5）蛏子

蛏子（Clam）又称缢蛏、蛏子皇，是蛏科和竹蛏科贝类的通称。其代表品种有缢蛏和竹蛏。蛏子贝壳呈长方形，壳顶位于背缘略靠前方，约占壳全长 1/3 处，壳薄而脆。壳中央稍靠前端处有一自壳顶至腹缘的斜沟，状如缢痕，故又名缢蛏。壳表面黄绿色，生长线明显，如下图所示。

蛏子

【品质鉴选】以鲜活、大小均匀、无污染者为佳。

【烹饪用途】适于汆、炒、爆等烹调方法。

【储存方法】活养或冰藏。

（6）蜗牛

蜗牛（Snail）为无脊椎动物，属软体动物门腹足纲肺螺亚纲蜗牛科。壳一般呈低圆锥形，右旋或左旋，头部显著，具有触角两对，大的一对顶端有眼，头的腹面有口，口内具有齿舌，可用于刮取食物。蜗牛是一种雌雄同体的水陆两栖软体动物，在全球种类多达 2.2 万余种，但能够在国际市场上销售的食用蜗牛主要有法国蜗牛、庭园蜗牛和玛瑙蜗牛等，如下图所示。

蜗牛

【品质鉴选】体型越大质量越好。

【烹饪用途】蜗牛的烹饪方法有焗、炒、蒸等，较有名的菜式有“烙烤蜗牛”“蜗牛周打汤”“法式拿破仑蜗牛”等。法国蜗牛一般会用来作法国菜的头盘菜。

【储存方法】冷藏或冰藏。

(7) 象拔蚌

象拔蚌 (Geoduck) 属于软体动物门，生物名称是太平洋潜泥蛤，又名皇帝蚌、女神蛤，海产商品名称为象拔蚌。象拔蚌原产于美国和加拿大北太平洋沿海。20 世纪 90 年代后期，我国东南部沿海开始养殖。象拔蚌两扇壳一样大，薄且脆，前端有锯齿、副壳、水管（也称为触须），因其又大又多肉的水管，很似大象的鼻子（象拔），故被称为“象拔蚌”，是远东崇尚食用的高级海鲜，如下图所示。

象拔蚌

【品质鉴选】挑选象拔蚌时，以虹管新鲜、肉多、结实者为好；活的象拔蚌，用手轻轻触及蚌身时，蚌身会有明显的收缩。

【烹饪用途】用象拔蚌烹制的菜肴很多，比较有名的是“红汤象拔蚌”“五彩象拔蚌”“蒜茸蒸象拔蚌”“白灼象拔蚌”“象拔蚌北菇鸡汤”“韩式酱泡象拔蚌”等。

【储存方法】活养或冰藏。

思考与练习

1. 简述各种鱼类不同的烹饪加工方法。
2. 怎样区分蟹的种类？
3. 如何鉴别贝类的品质？

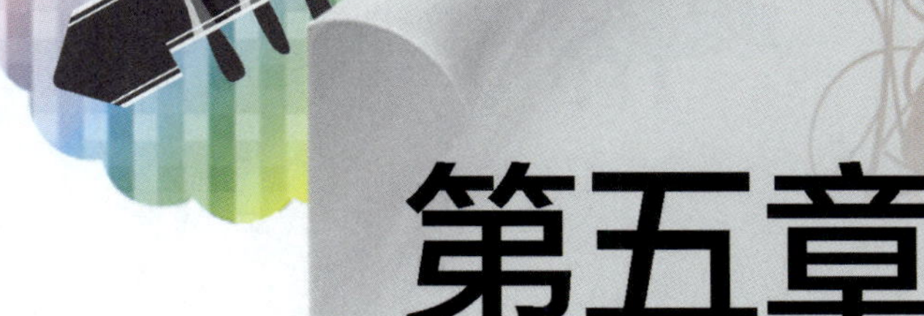

第五章

谷类、蔬菜与果品类原料

学习目标

1．了解常用谷类、蔬菜与果品类原料的名称

2．掌握谷类、蔬菜与果品类原料的品质鉴选与储存方法

3．根据谷类、蔬菜与果品类原料的特点，掌握谷类、蔬菜与果品类原料在烹饪中的应用

谷类是人们膳食的重要组成部分，是最基本的食物原料，也是人们所需能量的主要来源。谷类粮食主要包括稻类（籼稻、粳稻、糯稻）、麦类（小麦、大麦、燕麦、黑麦）、豆类（大豆、绿豆）、玉米、高粱、粟、黍、荞麦等。除荞麦外，谷类的结构基本相似，都是由谷皮、胚乳、胚芽三个主要部分组成。谷类因种类、品种、产地、生长条件和加工方法的不同，其营养素的含量有很大的差别。

谷类原料

谷类原料在中餐和西餐烹饪中的应用范围都很广，主要包括以下几个方面：作为制作菜肴的主料或配料，可以丰富菜品的种类，如面筋、粉条、淀粉和各种豆制品等，可加工生产多种调味品，如酱油、味精、米醋、醪糟和各种调味用酒；制作主食，如南方的米饭、各种稀饭、北方的馒头、意大利面条、饺子等；制作各种地方特色糕点小吃，如扬州的三丁包子、北京的窝窝头、天津的麻花等；谷类还是烹饪用淀粉的主要来源。

一、大米及其制品

1. 大米

大米（Rice）是由水稻经加工脱壳后而得到的制品。大米中含糖类 75% 左右，蛋白质 7%～8%，脂肪 1.3%～1.8%，并含有丰富的 B 族维生素等。大米中的糖类主要是淀粉，所含的蛋白质主要是米谷蛋白，其次是米胶蛋白和球蛋白，其蛋白质的生物价和氨基酸的构成比例都比小麦、大麦、小米、玉米等禾谷类作物高，消化吸收率为 66.8%～83.1%，是谷类中含蛋白质较高的一种。在西餐烹饪中常用的大米有长粒米、短粒米、营养米、半成品米和即食米，如下图所示。表 5—1 列出了各种大米的特点及用途。

长粒米

短粒米

表 5—1　各种大米的特点及用途

种类	特点与用途
长粒米 (Long－Grained Rice)	外形细长，含水量较少。成熟后蓬松，米粒容易分散，是制作主菜和配菜的理想材料
短粒米 (Short－Grained Rice)	外形椭圆形，含水分较多。成熟后黏性大，米粒不易分开，是制作布丁(Pudding) 类菜肴的理想原料
营养米 (Enriched Rice)	经过加工的米，在米粒的外层包上各种维生素和矿物质的米，用于弥补大米在加工中的营养损失
半成品米 (Convertes Rice)	煮成半熟的米，米粒坚硬，易于分散，是饭店业和西餐业常使用的大米。其特点是烹调时间短，味道和质地均不如长粒米，但是它的营养成分仍然保持完好
即食米 (Instant Rice)	煮熟，经脱水而成的大米。它方便使用，价格高。常用的烹调方法有三种：煮、蒸、烩。烩米饭时先用食用油炒成理想的颜色，再放适量水进行烹调。这样易于大米吸收米饭中的味道

【品质鉴选】以透明或半透明，腹白少，硬质粒多，粒形整齐、饱满、干燥、有光泽者为佳，熟制后有鲜香味、无碎米、糠皮少、无霉变、脱壳时间短的为新鲜米。

【烹饪用途】大米常作为肉类、海鲜和禽类菜肴的配菜，也可以制汤，还可以用来制作甜点等。

【储存方法】注意保持干燥、无霉变、无污染，用气调储藏法储存。大米不宜与鱼、肉、蔬菜等水分高的食品同时储存，否则容易吸水导致霉变；大米存放忌讳直接接触地面，应该放置在干燥、通风、干净的垫板上。

2. 糯米

糯米（Glutinous Rice）又称酒米、江米，也是大米的一种，由糯稻加工而成。糯米有籼糯和粳糯之分，其米粒形状较多，有宽厚阔扁呈圆形的，也有呈长形如针状的。糯米的颜色乳白，不透明。其主要成分是支链淀粉，成熟后黏性较足，呈透明状，胀性小，出饭率比粳米低，如右图所示。

糯米

【品质鉴选】以粒形整齐、饱满、干燥、有光泽者为佳，熟制后有鲜香味、无碎米、糠皮少、无霉变、脱壳时间短的为新鲜米。

【烹饪用途】适合制作很多西餐面点品种，也可用来酿制米酒。

【储存方法】糯米需存放在密闭、阴凉、干燥、通风的地方，夏季要低温密封放入冰箱冷藏室。

3. 小米

小米（Millet）又称粟、黄粱、粟谷等。小米是植物谷子的谷穗去皮后所留的米粒，其品种较多，按谷粒的颜色可分为白色、黄色、褐色、黑色、红色、灰色等，以白色和黄色为普遍。按籽粒黏性可分为糯粟和粳粟两类，其特点是粒小，如下图所示。

小米

【品质鉴选】优质小米以米粒饱满、颜色均匀，呈乳白色、黄色或金黄色，有光泽，很少有碎米，无虫，无杂质；具有清香味，无其他异味者为好。

【烹饪用途】小米可单独制成饭和稀粥，磨粉可制饼、窝头、丝糕等，与面粉掺和也能制发酵制品。

【储存方法】将小米放在阴凉、干燥、通风较好的地方，防鼠、防虫，气调储藏法。

4. 米线

米线（Rice Noodle）又称米榄、米粉、米团、粉干。是以大米为原料，经过洗米、浸泡、磨浆、搅拌、蒸粉、压条、干燥等一系列工序制成的粉丝状米制品。其条细长，色泽透明，有韧性，入口较为滑爽，如右图所示。

米线

【品质鉴选】干品以条形细长，色泽透明，有韧性、无杂质者为佳；煮后以不粘连、不糊汤、无断碎者为好。

【烹饪用途】西餐烹调中可用作主食，也可用作小吃。

【储存方法】注意保持阴凉、干燥、通风，夏季放入冰箱冷藏室。

5. 西米

西米（Sago）又称西谷米。西米有的是用木薯粉、麦淀粉、苞谷粉加工而成，有的是由棕榈科植物提取的淀粉制成，是一种加工米，形状像珍珠，如右图所示。有小西米、中西米和大西米三种。

西米

【品质鉴选】以形状像珍珠、大小均匀、颗粒完整、无碎裂、无杂质者为佳。

【烹饪用途】用于做粥、做羹和点心，也可用作小吃。

【储存方法】保持干燥，注意冷水发制后不能用力搓洗。

二、麦类原料及其制品

1. 小麦

小麦（Wheat）属禾本科植物，是世界上分布最广的粮食作物，主要分布于北半球的温带地区，其播种面积居各种粮食之冠，是重要的粮食之一。小麦的品种很多，主要有普通小麦、密穗小麦、圆锥小麦、硬粒小麦、东方小麦和波兰小麦等。按质地分有硬质小麦和软质小麦；硬质小麦含蛋白质量高，用于磨制高级面粉，适于制作面包等；软质小麦性质松软，含淀粉较多，筋力小，其质量不如硬质小麦，磨制的面粉适于制作饼干和糕点，如下图所示。

小麦

麦粒

【品质鉴选】挑选以颗粒饱满、完整、大小均匀有光泽，组织紧密，无害虫、无杂质者为佳。

【烹饪用途】将小麦经磨制加工后而成的面粉，是制作主食、糕点、小吃等食品的主要原料，小麦还是制作调味品和酿酒的原料。

【储存方法】防鼠、防虫，用气调储藏法储存。

2. 大麦

大麦（Barley）是一种主要的粮食，已有几千年的种植历史，是中国古老的粮种之一，也是世界上第五大耕作谷物。世界谷类作物中，大麦的种植总面积和总产量仅次于小麦、水稻、玉米，而居第四位。大麦籽粒扁平，中间宽，两端尖，呈纺锤形，麦籽紧密结合，不易分离，如下图所示。

大麦

大麦粒

【品质鉴选】以色泽清晰，皮呈淡褐色，麦肉呈粉白色，有光泽，无虫蛀、无霉烂，有正常麦香味者为佳。

【烹饪用途】磨粉后可制作饼、馍，大麦可制粥饭，还可以制作麦片，以及用于生产啤酒、麦芽糖。

【储存方法】防鼠、防虫，用气调储藏法储存。

3. 面粉

面粉（Wheat Flour）是一种由小麦磨成的粉状物。按面粉中蛋白质含量的多少，可以分为高筋面粉、中筋面粉、低筋面粉及无筋面粉，其特征及烹饪用途见表 5—2。

表 5—2　面粉种类、特征及烹饪用途

类型	蛋白质含量（%）	特征	烹饪用途
高筋粉	10.5～13.5	颜色较深，本身较有活性且光滑，手抓不易成团状；比较适合用来做面包，以及部分酥皮类起酥点心，如丹麦酥	多在松饼（千层酥）和奶油空心饼（泡芙）中使用，在蛋糕方面仅限于高成分的水果蛋糕中使用
中筋粉	8.0～10.5	颜色乳白，介于高、低粉之间，体质半松散	一般中式点心都会用到，如包子、馒头、面条等
低筋粉	6.5～8.5	颜色较白，用手抓易成团；低筋面粉的蛋白质含量平均在8.5%左右，蛋白质含量低，麸质也较少，因此筋性亦弱	比较适合用来做蛋糕、松糕、饼干以及挞皮等需要蓬松酥脆口感的西点

【品质鉴选】以色白，杂质少，面筋含量高，含水量少，且新鲜度高，无腐败味、苦味、霉味者为佳。

【烹饪用途】制作面包主食、各种各样糕点、小吃等。

【储存方法】保持干燥、良好通风环境，面粉保存理想温度为 18～24℃，湿度为 60%～70%。

4. 意大利面条

意大利面条（Pasta）也被称为意粉，可作为主菜的原料，也常作为主菜的配料。意大利面条有数十个品种，主要的原料是面粉和水，加入约 5% 的鸡蛋，优质意大利面条选用硬粒小麦为原料，如下图所示。意大利面条的特点是烹调时间较长，吸收水分多，产量高。

棍状意大利面条（Strand Pasta Noodles）

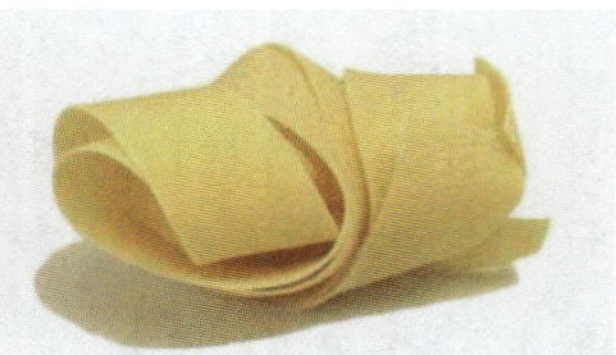

片状意大利面条
（Ribbon Pasta Noodles）

管状意大利面条
（Tubular Pasta Noodles）

表 5—3 列出了各种意大利面条的品种特征和烹饪用途。

表 5—3　各种意大利面条的品种特征和烹饪用途

品名	品种特征和烹饪用途
爱西尼（Acini）	胡椒粒形状的面条，制作沙拉、冷菜和汤
博泰（Bow—Ties）	花边面片，制汤、沙拉
康奇里爱（Conchiglie）	贝壳形的面条，制作主菜、沙拉和冷菜
地泰利（Ditallni）	短小空心面条，制汤、沙拉

续表

品名	品种特征和烹饪用途
马克罗尼（Elbow Macaroni）	空心、短小弯曲、管状的面条，制作冷菜、沙拉和砂锅菜肴
费德奇内（Fettucine）	扁平形、较窄的面条，制作主菜
福西里（Fusilli）	细绳面条，制汤
莱恩哥内（Lasagna）	宽边形、边部卷缩的面条。煮熟后，可在两片面条中镶上熟制的馅。如香肠和熟肉、海鲜，配上新鲜的蔬菜及奶酪等
麦尼哥泰（Manicotti）	圆桶状、空心、直径较大、用于镶馅菜肴的面条，制作主菜
奴得尔（Noodles）	扁平形、较宽的面条，制作主菜
派尼（Penne）	空心面条，两端楔形，制作主菜
斯派各提（Spaghetti）	圆形、细长、实心的面条，制作主菜和配菜
斯派各提尼（Spaghettini）	细长、圆形、实心的面条（比 Spaghetti 更细），制作面条汤
斯泰利尼（Stelline）	小五星形状的面条，制作沙拉、汤
沃米西里（Vermicelli）	非常细的实心面条，制作面汤
奥择（Orzo）	米粒状的面条，制作沙拉、汤
西提（Zoti）	尺寸小的管状面条，制作主菜

【储存方法】储存于干燥、良好通风的环境。

5. 面筋

面筋（Gluten）又称百搭菜、面根，是面粉中的蛋白质遇水后形成的一种浅灰色、柔软而有弹性的胶状物质。面筋制品有水面筋、素肠、烤麸、油面筋等，如下图所示。

面筋

【品质鉴选】以清洗干净、面筋质含量高、无杂质者为佳。

【烹饪用途】面筋制品可以素炒，可与肉类食品配用，也可以熏制、干制以供长时间储存。

【储存方法】生面筋容易发酵变质，不易储存。

三、豆类原料及其制品

1. 大豆

大豆（Soybean）通称黄豆，包括黄大豆、黑大豆、青大豆、褐大豆四大类。大豆鲜嫩时可作蔬菜，即称毛豆，秋季收干豆。大豆是富含优质蛋白质的豆类，其营养价值很高，如下图所示。

大豆

【品质鉴选】以豆粒饱满完整、颗粒大、有光泽、金黄色品质为佳。

【烹饪用途】大豆在烹饪中用途非常广泛，可用来制作主食，也可磨制豆浆，磨粉后与米粉掺和还可制作糕点、小吃等。大豆还是制作豆制品的原料，也是重要的食用油料作物，同时大豆已经成为解决世界蛋白质资源不足的主要食品，如以大豆制成人造肉、纤维蛋白、豆奶等。

【注意事项】食用大豆要充分煮熟，才能消除其对人体的不良影响，提高其蛋白质的消化率。

【储存方法】防鼠、防虫，用气调储藏法或低温储藏法储存。

2. 绿豆

绿豆（Green Bean）又称青小豆、吉豆等。绿豆种子呈短矩形，种皮的颜色有青绿、黄绿、黑绿三大类。其色泽鲜艳，沙性较好。绿豆粉有显著降脂作用，绿豆中含有一种球蛋白和多糖，能促进人体内胆固醇在肝脏分解成胆酸，加速胆汁中胆盐分泌和降低小肠对胆固醇的吸收。绿豆中所含蛋白质、磷脂均有兴奋神经，增进食欲的功能，如下图所示。

【品质鉴选】以颗粒饱满整齐，色绿而有光泽，无虫蛀的当年新绿豆为佳。

【烹饪用途】绿豆可与大米、小米一起做饭、稀粥等主食，也可与动物性原料炖制，还可磨成粉后制作糕点、小吃。绿豆也是制作淀粉、粉丝、粉皮的好原料。

【注意事项】未煮烂的绿豆豆腥味重，食后易恶心、呕吐。

绿豆

【储存方法】防鼠、防虫，用气调储藏法或低温储藏法储存。

3. 蚕豆

蚕豆（Horsebean）又称胡豆、罗汉豆、佛豆，属豆类蔬菜。蚕豆嫩时翠绿色，稍老时为黄绿色，肉质软糯、鲜美微甜。蚕豆营养价值丰富，含8种必需氨基酸，碳水化合物含量47%～60%，可食用，也可作饲料、绿肥和蜜源植物种植，如下图所示。

蚕豆

【品质鉴选】以色绿、颗粒肥大饱满，无虫蛀、无损伤者为佳。

【烹饪用途】适于炒、烧、煮、烩、拌等烹调方法。去掉种皮后可用作菜肴的配料或制泥茸炒制等。成熟的种子富含淀粉、蛋白质，可以制作粉丝、粉条，也可作粮食，蚕豆还可发酵后制豆酱；也可制作罐头或蜜饯等风味小吃。

【注意事项】蚕豆不可生吃，应将生蚕豆多次浸泡或焯水后再进行烹制，但不可多吃。

【储存方法】防鼠、防虫，用气调储藏法或低温储藏法储存。

4. 豆腐

豆腐（Bean Curd）是以大豆为原料，经浸泡、磨浆、煮浆、点卤等工序，使豆浆中的蛋白质凝固压制成型的产品。根据制作豆腐时所用的凝固剂不同，可分为南豆腐、北豆腐和内酯豆腐。豆腐一般色泽为乳白色，质地细嫩，柔滑可口，其味鲜美，如下图所示。豆腐的营养价值很高，不但包含了大豆的全部营养成分，而且去掉了大豆中的粗纤维和豆腥味等，大大提高了人体对豆腐各类营养物质的吸收率。

豆腐

【品质鉴选】以表面光滑，洁白细嫩，成块不碎，气味清香，柔嫩可口，无涩味或酸味者为好。

【烹饪用途】在烹饪中豆腐运用广泛，既可作主料，也可作配料。由于凝固方法不同，豆腐品质略有差别，南豆腐适于拌、炒、烩、烧、制羹、制汤等，北豆腐适于煎、炸、瓤、制馅等。

【注意事项】豆腐不要与菠菜一同烹煮。

【储存方法】低温储藏法。

5. 腐竹

腐竹（Bean Curd Sheet Rolls）又称豆腐皮、油皮、豆腐衣、挑皮，是将豆浆加热煮沸后，经过一段时间保温，表面形成一层薄膜，挑出后下垂成枝条状，再经干燥而成。其形类似竹枝状，故称为腐竹。腐竹是一种由大豆蛋白膜和脂肪组合成一定结构的产物，含有多种矿物质，可补充钙质，防止因缺钙导致的骨质疏松，增进骨骼发育。腐竹浓缩了黄豆中的精华，是豆制品中的营养冠军，如下图所示。

腐竹

【品质鉴选】腐竹以颜色浅金黄，有光泽，腐竹中不夹心，折之易断，外形粗细均匀者为佳。

【烹饪用途】豆腐皮适于炸、拌、烧、熘、焖等烹调方法，也可用于制作素鸡、素鹅、素火腿、素香肠等；腐竹可单独凉拌，也可炒、烩、烧、炸等成菜。

【注意事项】腐竹须用凉水泡发后再进行烹制。

【储存方法】低温储藏法。

6. 粉丝

粉丝（Bean Starch Noodles）又称粉条、粉干、线粉等，是以豆类或薯类、玉米等的淀粉，加工成面条状的制品。按原料不同分为豆粉丝、薯粉丝和混合粉丝，豆粉丝呈半透明状，弹性、韧性均强；薯粉丝成品短粗，不透明，易断碎；混合粉丝有韧性，涨性大，色泽稍白，质量不如豆粉丝。如下图所示。

粉丝

【品质鉴选】以粗细均匀，条子长，洁白光亮，韧性强者为佳。

【烹饪用途】适于炒、拌、制汤等烹调方法。粉丝可代替粮食作为主食，也可作为菜肴配料，还可以做点心、小吃。

【注意事项】粉丝需要用温水浸泡后再烹制。

【储存方法】防鼠、防虫，用气调储藏法或低温储藏法储存。

7. 豆干

豆干（Bean Curd Cake）又称豆腐干，是将豆腐脑用布包成小方块，或盛入模具，压去大部分水分制成的半干性制品（含水量一般不超过 75%）。其加工原理和方法与豆腐本相同，只是含水量较少而已，如下图所示。

【烹饪用途】烹饪中运用白干可切成片、丝、丁、粒等用作菜肴的配料，茶干、香干等通常作为茶点、凉菜和炒菜的配料，如“茶干拌芹菜”等。

【注意事项】不要使用表面发黏、有异味的豆干。

【储存方法】低温储藏法。

豆干

四、其他常见谷类原料

1. 高粱

高粱（Sorghum）又称蜀黍、芦粟、茭草。高粱脱壳后即为高粱米，籽粒呈椭圆形、倒卵形或圆形，如下图所示。高粱品种较多，按颜色不同可分为白、黄、黑、红等品种，白高粱的品质最好；按性质可分为粳、糯两种。

高粱

高粱米

【品质鉴选】以大小均匀、颗粒完整、无碎裂、无杂质者为佳。

【烹饪用途】高粱米可以制作高粱米饭、各种面食，还是酿酒、制醋、提取淀粉、加工饴糖的原料。

【注意事项】高粱的皮层中含有单宁物质，食用后会妨碍人体对食物的消化吸收。

【储存方法】防鼠、防虫，用气调储藏法储存。

2. 玉米

玉米（Corn）又称苞谷、苞米、棒子、珍珠豆、玉蜀黍等，属于禾本科植物。玉米的品种很多，按颜色可将其分为黄玉米、白玉米和杂色玉米，黄玉米含糖分较重，口味香甜；白玉米含有一定的支链淀粉，口感软糯。按粒质可分为硬粒型、马齿型、粉质型、爆裂型、糯质型、甜粉型等类型。玉米其色泽鲜艳，香味浓郁，含有丰富的淀粉、蛋白质、脂类、矿物质和维生素。玉米的胚特别大，占总重量的 10%～14%，其中含有大量的脂肪，因此可从玉米胚中提取油脂。

玉米

【品质鉴选】以硬粒型的玉米品质最好，其籽粒小，坚硬饱满，表面不皱缩，有光泽，蛋白质含量高，食味品质优良，有黄、白及红等颜色。

【烹饪用途】玉米除了煮着吃之外，还可做饭、煮粥、制甜羹，也可将成熟的玉米加工成粉末制作各种糕点，还可以酿酒，制作罐头，提取的脂肪可以用来烹制菜肴和面点。

【注意事项】玉米发霉后能产生致癌物，所以发霉的玉米绝对不能食用。

【储存方法】用气调储藏法储存。

蔬菜类原料

蔬菜是西餐主要的食品原料之一，蔬菜含有人体必需的各种营养素，是人们不可缺少的食品。许多精明的西餐经营者意识到蔬菜在饮食中的作用，因此，他们将蔬菜类菜肴安排得很丰富，蔬菜有多种用途，可生食、可熟食，有很高的食用价值。

一、蔬菜原料的分类

蔬菜有许多种类，如叶菜类、花菜类、果菜类、茎菜类、根菜类、豆类、食用菌类等。不同种类的蔬菜又可分为许多种类。西餐常用的蔬菜见表5—4。

表5—4　　西餐常用的蔬菜

蔬菜种类	蔬菜品种
叶菜类（Leaf）	生菜（Lettuce）、菠菜（Spinach）、卷心菜（Cabbage），其他各种青菜（Greens）
花菜类（Flower）	菜花（Cauliflower）、西蓝花（Broccoli）
果菜类（Fruit）	西红柿（Tomato）、茄子（Egg－Plan）、辣椒（Pepper）、小南瓜（Squash）
茎菜类（Stem）	西芹（Celery）、鲜芦笋（Asparagus）、洋葱（Onion）、大蒜（Garlic）
根菜类（Root）	红菜（Beet）、胡萝卜（Carrot）、小圆水萝卜（Radish）
豆类（Seed）	扁豆（Bean）、豌豆（Pea）
食用菌类（Edible Mushroom）	冬菇（Snake Butter）、蘑菇（Mushroom）

二、蔬菜类原料的储存方法

新鲜蔬菜瓜果是易腐烂的烹饪原料，其质量极易发生变化。变化的原因主要有两个方面：一方面是自身的生理变化，蔬菜瓜果是具有生命的植物，生理上会不断发生变化。另一方面，易受微生物的侵害，这是因为蔬菜瓜果含有较多的水分及糖类，有微生物繁殖的良好环境，空气中的微生物孢子，只要温湿度适宜，就能很快地在蔬菜组织中生长，引起蔬菜瓜果腐烂。因此，蔬菜瓜果要勤购勤销，不要贪多积压，造成浪费。

存储蔬菜瓜果要注意控制温度、湿度，防止微生物繁殖。常用的储存方法有：

(1) 低温储存法，如荷兰豆、豆角、蜜豆等需用保鲜袋密封后放入保鲜柜内保存(1～5℃)；番茄、辣椒等原料用器皿盛装；韭黄则需用布包好，放入保鲜柜内保存。

(2) 干燥储存法，如土豆、洋葱、大蒜、萝卜、冬瓜、芋头、葛、薯类等应放于通风、干燥、温度较低处，避免原料因温度高而出现发芽长叶的现象，造成蔬菜原料的水分和营养大量消耗、品质降低，甚至完全失去食用价值。以上原料如欲久存，勿近酒气。

(3) 未加工的带有头的蔬菜则可用少量清水浸泡头部，放在通风处储存，如芫茜、通菜、菊花等。

(4) 土豆、马蹄、葛、薯类原料刨皮后暂时不用时，应用清水浸泡，以免表皮变黑。当天用剩的已加工的蔬菜，宜摊放在通风处储存。

此外，还有盐腌、埋藏、酸渍、干燥等储存方法。

三、蔬菜类原料初步加工要求

正确选用原料和进行初加工，是烹制好菜品的前提。

1. 蔬菜瓜果类原料初步加工要求

(1) 按蔬菜瓜果的种类和食用部位合理加工。

(2) 采用符合卫生要求的洗涤方法。

(3) 减少营养素的流失。

(4) 尽量利用可食部分。

2. 蔬菜瓜果类原料基本加工方法

(1) 摘剔、整理

将蔬菜瓜果原料中的黄叶、老叶、枯叶等不能食用部分摘除，并进行初步整理。

(2) 洗涤

将整理好的蔬菜瓜果用清水洗涤，应根据蔬菜的不同用途，分别采用不同的洗涤方法。一般有以下几种：

1) 冷水洗涤：将整理后的蔬菜瓜果在清水中浸泡、清洗，以去除泥沙等污物。

2) 盐水洗涤：将整理后的蔬菜瓜果先放入浓度为2%的食盐溶液中浸泡约5分钟，然后再用清水冲洗干净。用此方法洗涤时，应注意不宜在盐水中浸泡时间过长，否则会影响原料的质量。

3）高锰酸钾洗涤：将整理好的蔬菜放入浓度为0.35%的高锰酸钾溶液中浸泡5分钟，然后再用清水洗涤干净。此方法适用于生食凉拌的蔬菜。

四、西餐常用蔬菜

1. 叶菜类

（1）菜心

菜心（Peduncle）又称菜薹，叶宽，卵圆形或椭圆形，叶缘波状，叶片绿或黄绿色，叶柄有浅沟，浅绿色，叶柄狭长，横切面为半月形，如下图所示。菜心有柳叶菜心、圆叶菜心、迟菜心、红菜心等。菜心富含粗纤维、维生素C和胡萝卜素，不但能够刺激人体肠胃的蠕动，起到润肠、助消化的作用，对护肤和养颜也有一定的作用。

菜心

【品质鉴选】以秋、冬季出产的质量为佳。以茎心不空、表面光滑、花蕾未开的广东产的柳叶菜心为佳。

【烹饪用途】适用于炒、拌、扒等烹调方法，还可作荤菜的围边、垫底等。

【储存方法】用纸包起来，以直立的姿势茎部朝下放入冰箱蔬果保鲜室内，这样可以有效地延长保存时间，保持其新鲜。

（2）小白菜

小白菜（Baby Bok Choy）株体直立，基叶坚挺、有光泽、不结球，叶片多呈倒卵形或阔倒卵形，叶脉明显，深绿色，叶柄白色，汤匙形，抱茎，以秋、冬季出产的质量为佳，如下图所示。小白菜中含有大量粗纤维，其进入人体内与脂肪结合后，可防止血浆胆固醇形成，促使胆固醇代谢物胆酸排出体外，减少动脉粥样硬化的形成，从而保持血管弹性。小白菜中含有的粗纤维还可促进人体大肠蠕动，增加大肠内毒素的排出，达到防癌抗癌的目的。

【品质鉴选】挑选时以叶色淡绿或墨绿，叶片倒卵形或椭圆形，叶柄肥厚，白色或绿色，矮脚为佳。

【烹饪用途】用于煲、滚、扒、炖、炒，也可作荤菜的围边、垫底等，还可作点心

小白菜

的馅心，此外，小白菜还是加工腌菜的重要原料。

【储存方法】小白菜适宜在阴凉、通风的环境中储存；或用纸包起来，以直立的姿势茎部朝下放入冰箱蔬果保鲜室内储存。

(3) 芥蓝

芥蓝（Chinese Kale）为十字花科一年生草本植物，肥嫩的花薹和嫩叶可供食用，质脆嫩、清甜，产于广东等地。由于茎粗壮直立、细胞组织紧密、含水分少、表皮又有一层蜡质，所以嚼起来爽而不硬、脆而不韧。芥蓝中的胡萝卜素、维生素 C 含量非常高，并含有丰富的硫代葡萄糖苷，其降解产物称为萝卜硫素，有抗癌作用，经常食用还有降低胆固醇、软化血管、预防心脏病的功能，如下图所示。

芥蓝

【品质鉴选】以秋冬季出产，茎粗壮直立的质量为佳。

【烹饪用途】用于炒、扒、灼或作配料，如“白灼芥蓝”“生炒芥蓝”“冰镇芥蓝”等。

【储存方法】适宜放在阴凉通风处；或用纸包起来，以直立的姿势茎部朝下放入冰箱蔬果保鲜室内，这样可以有效地延长保存时间，保持其新鲜。

(4) 生菜

生菜（Lettuce）又名玻璃生菜、皱叶生菜，株体直立，叶薄而柔软，叶面多皱缩，叶基部有耳，抱茎，色泽多为浅绿色，如下图所示。生菜清脆爽口，软滑、味甘，部分生菜略有苦味。生菜能增加胃液分泌，刺激消化，增进食欲，并具有镇痛和催眠的作用。

生菜

【品质鉴选】优质的生菜叶片肥厚，叶绿，梗白，叶质鲜嫩，无蔫叶、干叶，无虫害，无病斑，大小适中。以秋季至春季出产的品质为优。

【烹饪用途】用于炒、扒、滚、灼、酿、凉拌等。

【储存方法】适宜放在阴凉通风处；或用纸包起来，以直立的姿势茎部朝下放入冰箱蔬果保鲜室内，这样可以有效地延长保存时间，保持其新鲜。

(5) 油麦菜

油麦菜 (Leaf Lettuce) 又名莜麦菜、牛俐生菜，属菊科，是以莴苣的嫩梢、嫩叶为食用部分，其叶片呈长披针形，长相类似莴笋的“头”，叶细长平展，“笋”又细又短，如下图所示。油麦菜含有大量的钙、铁、蛋白质、脂肪及维生素 A、维生素 B_1、维生素 B_2 等营养成分，是生食蔬菜中的上品，有“凤尾”之称。

油麦菜

【品质鉴选】挑选时以叶色泽淡绿，质地鲜嫩，无蔫叶、干叶，无虫害、无病斑，大小适中者为佳。

【烹饪用途】用于炒、灼、扒等，常见的菜式有“蒜茸油麦菜”“生灼油麦菜”等。

【储存方法】适宜放在阴凉通风处；或用纸包起来，以直立的姿势茎部朝下放入冰箱蔬果保鲜室内，这样可以有效地延长保存时间，保持其新鲜。

(6) 西生菜

西生菜（West Lettuce）又名球生菜、圆生菜，因从西方引进，故名西生菜，属一或两年生草本植物半结球莴苣或结球莴苣，结球生菜俗称冰山生菜、团生菜，顶生叶形成叶球，叶球呈球形或扁圆形等，如下图所示。常见的西生菜品种有皇帝生菜、凯撒生菜、萨林纳斯生菜等。

西生菜

【品质鉴选】以包卷结实者为佳。

【烹饪用途】用于炒、凉拌、滚、白灼等，如“蒜茸西生菜”。

【储存方法】适宜放在阴凉通风处；或用保鲜纸包起来放入冰箱蔬果保鲜室内，这样可以有效地延长保存时间，保持其新鲜。

(7) 通菜

通菜（Water Spinach）又名空心菜、蕹菜，为一年生蔓性草本。茎中空，叶互生，叶片呈长卵形或短披针形，绿色，含叶绿素丰富，以3月至4月上市的通菜质量为佳。通菜有大通菜与细通菜之分，大通菜茎叶粗大，产量高，以水生为主；细通菜茎叶细小，旱种为主，产量较低。通菜初出时嫩滑可口，旺产时爽脆，过老则茎韧味涩。通菜能清热凉血，利尿除湿，解毒，如下图所示。

通菜

【品质鉴选】大通菜以茎叶粗大，梗白，脆嫩者为佳；细通菜以茎叶细小，梗绿者为佳。

【烹饪用途】多用于炒、扒或作其他配料用，如“椒丝腐乳炒通菜”“虾酱炒通菜”等。

【储存方法】适宜放在阴凉通风处用水养菜头；或用保鲜纸包起来放入冰箱蔬果保鲜室内，这样可以有效地延长保存时间，保持其新鲜。

(8) 芥菜

芥菜（Celery）常用的有小芥菜、大芥菜（潮州芥菜）和水东芥菜等。小芥菜直立或半直立，茎叶大，叶片有长椭圆形或阔椭圆形几种，叶面具波纹，叶边有锯齿或缺口，质地鲜嫩，味略苦带甘凉，可消暑；大芥菜叶大肥厚，最大的每棵可达到5千克，叶朝心内卷曲，状似包心椰菜，但也有不包心的，大芥菜以叶瓣肥厚著称；水东芥菜以粤西茂名水东地区所产的芥菜品种为优，水东芥菜口感爽脆，纤维少，味道独特而清甜，收获季节从农历八月十五后至翌年开春3月左右最佳。如下图所示。

芥菜

【品质鉴选】大芥菜叶大肥厚，以包心的为肥嫩；水东芥菜以茎肥厚爽脆者为佳。

【烹饪用途】用于扒、炒、滚、煲烩等，如“珧柱扒芥菜胆”“煲烩大芥菜”“生炒水东芥菜”等。

【储存方法】适宜放在阴凉通风处；或用保鲜纸包起来放入冰箱蔬果保鲜室内，这样可以有效地延长保存时间，保持其新鲜。

(9) 大白菜

大白菜（Chinese Leaves）又称黄秧白、卷心白、黄芽菜、结球白菜、牙菜、松菜，属结球叶菜类蔬菜。叶生于短缩茎上，片薄而大，椭圆或长圆形，浓绿或浅绿色，心叶白、绿白或浅黄白；味带甘甜，柔嫩适口，以冬春季所产的质量为佳，如下图所示。大白菜软滑烩甜，性带寒湿，含有丰富的粗纤维，不但能起到润肠、促进排毒的作用，还能刺激肠胃蠕动，帮助消化，对预防肠癌有良好作用。

【品质鉴选】挑选大白菜时，一般挑个儿大、白色的，叶肉厚，会甘甜些。

【烹饪用途】适于炒、炝、拌、熘、烧、煮、腌等烹调方法，也可做汤和馅心，还

大白菜

是加工泡菜和干菜的原料。

【储存方法】适宜放在阴凉通风处；或用保鲜纸包起来放入冰箱蔬果保鲜室内，这样可以有效地延长保存时间，保持其新鲜。

(10) 豆苗

豆苗（Bean Seedling）又名龙须菜，为豆科植物豌豆的嫩苗，供食用部位是其嫩梢和嫩叶，色青绿，味道软滑可口，以冬季所产的质量为佳。豌豆苗含钙质、B族维生素、维生素C和胡萝卜素，有利尿、止泻、消肿、止痛和助消化等作用。如下图所示。

豆苗

【品质鉴选】挑选大叶茎直，新鲜肥嫩的品种，以叶身细嫩，叶色青绿呈小巧形状者为优。

【烹饪用途】用于炒、扒、浸、滚等，常见菜式有“鸡油豆苗”“蟹肉扒豆苗”“上汤浸豆苗”等。

【储存方法】适宜放在阴凉通风处；或用保鲜纸包起来放入冰箱蔬果保鲜室内，这样可以有效地延长保存时间，保持其新鲜。

(11) 茼蒿

茼蒿（Crown Daisy）又称蓬蒿、春菊、蒿子秆、菊花菜，属普通叶菜类蔬菜。茼蒿品质柔嫩，具有特异的香味。依叶的大小分为大叶茼蒿和小叶茼蒿。大叶茼蒿叶宽大而肥厚，嫩茎短而粗，品质佳；小叶茼蒿叶狭小而薄，嫩枝细，但香味浓。如下图所示。

茼蒿

【品质鉴选】以茎叶嫩肥，无烂叶、腐叶，无病虫害和损伤者为佳。

【烹饪用途】用于炒、拌、煮等烹调方法。也可做汤菜，还可用于菜肴围边、垫底。

【储存方法】适宜放在阴凉通风处；或用保鲜纸包起来放入冰箱蔬果保鲜室内，这样可以有效地延长保存时间，保持其新鲜。

2. 茎菜类

(1) 鲜竹笋

行业中使用的鲜竹笋（Fresh Bamboo Shoots）根据不同的季节分为三种，分别是春季出产的文笋（又称笔笋）、夏季出产的鲜笋和冬季出产的冬笋。文笋是制毛笔杆的细竹之笋，连壳衣横径只有2～3 厘米，500 克约有 10 余条，尖锥形，肉质白中带黄，脆嫩味甜。鲜笋呈椭圆形，外壳呈表黄色，披茸毛，肉色白中带淡黄，单个重 500～1 500 克，肉质嫩滑。冬笋多产自于毛竹（大南竹），呈锥形，长 20～25 厘米，微弯，笋壳土黄色，单个重 500～1 000 克，肉嫩、脆甜。如下图所示。

文笋

鲜笋

冬笋

【品质鉴选】笋壳要完整并紧贴笋肉，颜色以棕黄色为佳，绿色为次，笋肉越白越嫩。

【烹饪用途】常用于炒、酿、焖、烩等，常见的菜式有“鲜笋炒虾球”“百花酿鲜笋”“鲜笋焖田鸡”“三丝烩鱼肚”等。

【储存方法】取一木桶或纸箱，底部铺上湿河沙 7～10 厘米厚，将完好无损的冬笋尖头朝上排列在木桶或纸箱中，再用河沙填满空隙，然后再铺盖一层 7～10 厘米厚的河沙，将冬笋的顶尖完全覆盖后，搬到阴凉通风处，可储藏保鲜 30～50 天不变质。

【注意事项】竹笋出土后老化速度加快，所以笋出土后要尽快食用，不宜存放。如果不马上食用，可以先剥壳放水里煮透后浸泡备用。

(2) 莲藕

莲藕（Lotus Root）为水生草本，其花为莲花，其种子为莲子，其地下茎即是莲藕，各地均有出产，供应期为 8～12 月。莲藕有红花藕与白花藕两种：红花藕外皮为褐黄色，体型短粗，生藕吃起来味道苦涩；白花藕外皮光滑，呈银白色，体型长而细，生藕吃起来甜，一般炒藕片用白花藕。另外，还有一种品质一般的麻花藕，外表粗糙，呈粉色，含淀粉较多。莲藕含有淀粉、蛋白质、维生素 C，含糖量也很高。生吃鲜藕能清热解烦、解渴止呕，熟食可健脾开胃、益血补心。如下图所示。

莲藕

【品质鉴选】莲藕以藕身肥大，肉质脆嫩，水分多而甜，带有清香者为佳。

【烹饪用途】用于炒、煲、凉拌、炸、煎、焗等，常见的菜式有“南乳汁炒莲藕片”“莲藕红豆煲脊骨”“酥炸藕盒”“泰汁焗藕盒”“凉拌爽藕片”等。

【储存方法】尽量存放于阴凉的环境，避免阳光直射，最佳存放温度为 5℃，在此温度下可保鲜 3～4 个月。

(3) 马铃薯

马铃薯（Potato）又称薯仔、土豆、山药蛋、洋芋、地蛋、荷兰薯，茄科茄属，一年生蔓性草本植物，原产南美智利、秘鲁和玻利维亚的安第斯山区，有 8 000 年的栽培历史，现在我国各地普遍种植。马铃薯按皮色分为白皮、黄皮、红皮和紫皮等品种，按薯块颜色分为黄肉种和白肉种；按形状分为圆形、椭圆、长筒和卵形等品种。

马铃薯含有淀粉、蛋白质、无机盐、多种维生素，兼具蔬菜、粮食的双重优点，各种营养成分的比例平衡而且全面，如下图所示。

马铃薯

【品质鉴选】挑选马铃薯以体大形正，光滑圆润，皮薄而光滑，芽眼较浅，肉质细密，味道醇正者为佳。

【烹饪用途】用于炒、焖、煲、炸、制作馅料，常见的菜式有“清炒土豆丝”“咖喱薯仔焖鸡”“土豆焖牛腩”“罗宋汤”等。

【储存方法】存放于阴凉的环境，避免阳光直射，最佳存放温度为2～4℃。

【注意事项】发芽的马铃薯不能吃，以免龙葵素中毒。为防止马铃薯褐变，马铃薯去皮切片后，要浸泡于水中。马铃薯与柿子、西红柿同食会引起消化不良，与香蕉同食会脸部生斑，配菜时应注意。

(4) 淮山

淮山 (Yam) 又称怀山药、淮山药、土薯、山薯、山芋，地下根呈圆柱形肉质块茎，茎肉白色，质硬脆细腻，含有丰富的淀粉。其形状可分为长根、扁根、块根三种。淮山品种多样，一般常见的有紫皮淮山、白淮山和麻淮山。淮山可降血脂、调理肠胃，减少皮下脂肪堆积，能防止结缔组织萎缩，预防类风湿关节炎等。淮山含有可溶性纤维，能帮助消化、降血糖，是糖尿病患者的膳食佳品。如下图所示。

淮山

【品质鉴选】挑选淮山以条粗、身重、须毛多、横切面肉质呈雪白色者为佳。

【烹饪用途】用于焖、煲、炖、拔丝等烹调方法，也可以作特殊小吃品种和蒸菜底料、食品雕刻原料，还能制淀粉，常见的菜式有“鲜淮山焖滑鸡”“鲜淮山眉豆煲排骨”“浓汤浸鲜淮山”等。

【储存方法】应置于通风、凉爽、干燥处；其储存处应稍垫高，离墙堆放，以利通风透气；鲜淮山去皮切后须立即浸泡在盐水中，以防止氧化褐变。

(5) 芦笋

芦笋（Asparagus）又名石刁柏、山文竹，俗称石刁柏、龙须菜，为百合科天门冬属多年生宿根草本植物，以抽生的嫩茎为蔬菜食用。原产于亚洲西部、地中海沿岸，因其枝叶如松柏状，故名石刁柏。芦笋的可食部位是其地下和地上的嫩茎。芦笋的品种很多，按颜色分有白芦笋、绿芦笋、紫芦笋三种。芦笋自春季从地下抽薹，如不断培土并使其不见阳光，长成后即为白芦笋；如使其见光生长，刚抽薹时顶部为紫色，此时收割的为紫芦笋；如待其长大后即为绿芦笋。绿芦笋的蛋白质和维生素 C 含量都较白芦笋丰富。白芦笋多用来制罐头，紫芦笋、绿芦笋可鲜食或制成速冻品。如右图所示。

芦笋

【品质鉴选】以全株形状正直，嫩茎新鲜、质地细密，不开芒、未长腋芽，没有水伤腐臭味，表皮鲜亮不萎缩者为佳。将芦笋用双手折断，较脆、易折断、笋皮无丝状物为鲜嫩，反之则不鲜嫩。

【烹饪用途】用于炒、扒、酿等，也常用于制作配菜，或作为菜肴的辅料。常见的菜式有“芦笋炒鳜鱼球”“黄金汁扒芦笋”等。

【储存方法】刚采收下来的芦笋组织很快就会纤维化，不易保存；可以用报纸包好，置于冰箱保存，可维持 2~3 天。芦笋冷藏保鲜时应先用开水煮 1 分钟，晾干后装入保鲜袋中，扎口放入冷冻柜中，食用时取出。

(6) 鲜百合

鲜百合（Lily Bulb）原产于亚洲东部的温带地区，中国、日本及朝鲜野生百合分布甚广。鲜百合是百合科百合属多年生草本球根植物，百合鳞茎有球形、扁球形或宽卵形，片状鳞层抱合紧密，呈白色，其肉质地肥厚，味甜香爽口，如下图所示。百合含多种生物碱和营养物质，有良好的营养滋补功效，特别对病后体弱、神经衰弱等症大有裨益；百合中的硒、铜等微量元素能抗氧化、促进维生素 C 的吸收。

【品质鉴选】以新鲜、鳞茎肥厚、无机械损伤、无泥沙者为佳。

【烹饪用途】用于炒、滚汤、煲汤、炖汤、制作甜品等，还可以煮粥，或提取淀粉制作糕点，腌制后制作蜜饯，百合为药膳的常用原料；常见的菜式有“西芹百合炒腰果”“鲜百合椰子煲鸡”等。

【储存方法】把新鲜百合瓣清洗干净，然后在烧开的水里焯一下，摊开晾干，再用保鲜袋包装，放入冰箱的冷藏室保存。

(7) 洋葱

洋葱（Onion）又名球葱、圆葱、玉葱、葱头、荷兰葱，为百合科葱属植物，以肥

鲜百合

大的肉质鳞茎为食用部分。洋葱主要有三种：一是红皮洋葱，种植面积最大，辛辣味最强；二是黄皮洋葱，味甜，辛辣味轻，国际市场欢迎这种洋葱；三是白皮洋葱，皮白绿色，品质佳，吃口淡性。洋葱营养丰富，且气味辛辣，能刺激胃、肠及消化腺分泌，增进食欲，促进消化，洋葱还具有杀菌作用。如右图所示。

洋葱

【品质鉴选】以葱头肥大体圆，外皮有光泽，无损伤，鳞片紧密，不抽薹，具有辛辣回甜味者为最佳。

【烹饪用途】适于炒、拌、泡、煎、爆等烹调方法，多作配料使用。洗净后可生吃，常见的菜式有“洋葱木耳炒牛肉”“洋葱烤猪扒”等。

【储存方法】气调储藏法。

(8) 莴笋

莴笋（Asparagus Lettuce）又称莴苣、香笋，菊科，莴苣属，一二年生草本植物，我国各地都有栽培。莴笋茎直立，呈棍棒状，肥大如笋；叶形因品种而异，有长椭圆形、舌形或披针形三种，色泽有绿、灰绿、紫红等；其质地脆嫩，清香鲜美。莴笋含有蛋白质、糖类、灰分、维生素A、维生素B_1、维生素B_2、维生素C，微量元素钙、磷、铁、钾、镁、硅等和食物纤维。如右图所示。

莴笋

【品质鉴选】以粗短条顺，不弯曲，皮薄质脆，水分充足，不空心，不抽薹，表面无黄斑，不带老叶、黄叶者为佳。

【烹饪用途】可用于凉拌、炒、干制或腌渍等，可作汤菜和配料，还可作为食品雕刻的原料。常见的菜肴有“莴笋炒猪肚丝”“凉拌三丝”等。

【储存方法】新鲜莴苣在阴凉通风处可放 2～3 天，或放冰箱冷藏可保鲜 1 周。

(9) 荸荠

荸荠（Water Chestnut）又称马蹄、地栗，原产印度，在我国主要分布于江苏、安徽、浙江、广东等水泽地区，广西马蹄久负盛名。荸荠是其地下匍匐茎先端膨大的球茎，球茎扁圆、球形，表面平滑，老熟后呈深栗壳色或枣红色，有环节 3～5 圈，并有短鸟嘴状顶芽及侧芽，肉为白色、质地脆嫩，多汁而甜，如下图所示。

荸荠

【品质鉴选】以个头大、洁净、新鲜、皮薄、肉细、味甜、爽脆、无渣者为佳。

【烹饪用途】既可制作菜式、制作面点，用于炒、焖、炖、煲等，也可作水果生食，还可以加工成淀粉，制罐头。常见的菜肴有“缤纷花枝片”“胡萝卜马蹄煲脊骨”等。

【储存方法】低温冷藏法或气调储藏法。

3. 根菜类

(1) 牛蒡

牛蒡（Burdock）别名东洋参、牛蒡菜、大力子、蝙蝠刺、东洋萝卜，原产于西伯利亚、北欧与我国东北，能形成肉质直根的二三年生草本植物。牛蒡呈长圆条状，表皮浅黄色，肉质洁白，含有丰富的钙、磷、铁、蛋白质、脂肪、水分等，同时，牛蒡中含有高量的纤维素，对于刺激肠胃、促进消化、帮助排泄有很大的功效。牛蒡还含有一种特殊的菊醣成分，是可消化的碳水化合物，很适合作为糖尿病患者的热量来源，如下图所示。

【品质鉴选】以长 60 厘米以上，直径 2 厘米以上，表皮光滑细嫩，形体正直而新鲜的为上品。

【烹饪用途】用于炒、煲、炖、凉拌等，常见的菜式有“牛蒡鸡脚汤”“牛蒡沙拉”

牛蒡

“牛蒡煲脊骨”等。

【储存方法】放于阴凉处；或用纸或保鲜膜包住，放入冰箱冷藏。

(2) 白萝卜

白萝卜（Daikon）又称莱菔，为一年生或两年生草本，肉质根，大小、颜色因品种不同而异，为我国主要蔬菜之一。白萝卜一般呈纺锤形或圆柱形，质地烩甜，性带寒湿，品种不同供应期不同，如下图所示。白萝卜有消食、化痰定喘、清热顺气、消肿散瘀之功能。其中维生素C的含量比梨高8～10倍，萝卜不含草酸，更有利于钙的吸收。

白萝卜

【品质鉴选】以根形圆整、表皮光滑为宜，挑选时拿在手上掂掂分量，沉甸甸的则表明是实心萝卜，质量为佳。

【烹饪用途】适于烧、拌、炝、炖、煮、泡等烹调方法。也可用于糕点、小吃馅心的制作；萝卜还是食品雕刻的主要原料，也可用于菜点的装饰和点缀。萝卜经腌制后，可制成酱菜、萝卜干等。常见的菜式有“白肺炖青萝卜”“萝卜焖牛腩”“青红萝卜煲咸猪骨”等。

【储存方法】从根茎连接处切掉萝卜缨，放于0～5℃的冰箱中冷藏。

(3) 胡萝卜

胡萝卜(Carrot)又称红萝卜、甘笋、黄萝卜、丁香萝卜等，属肉质直根类蔬菜。胡萝卜为一年生或两年生草本植物，肉质根长圆形，表皮较平滑，橙红色，烩甜带微青闷味，含维生素C比一般水果多，并含铁、钙、磷等微量元素丰富，有助于人体消化，如下图所示。

胡萝卜

【品质鉴选】呈橘红色，以质细味甜，脆嫩多汁，表皮光滑，形状整齐，心柱小，肉厚，不糠，无裂口和病虫伤害者为佳。

【烹饪用途】用于炖、煲、焖的配料或腌渍成泡菜，可生食，还可腌制加工成蜜饯、果酱、菜泥和饮料等；此外，也作为配色、雕刻的原料。常见的菜式有“五彩炒鸡丝”“胡萝卜菜干煲白肺”等。

【储存方法】从根茎连接处切掉萝卜缨，放于0～5℃的冰箱中冷藏。

(4) 红菜头

红菜头(Beetroot)又名火焰菜，是红色根用甜菜，主要以球形的肉质根供食用，是欧美各国的主要蔬菜之一。红菜头为藜科两年生草本植物，原产于地中海沿岸，有2 000多年的栽培历史。其肉质根形状各异，但以扁圆形最好，外皮和肉质根均为紫色，肉质根横断面有数圈深紫色同心圆环纹，纤维素少，质地柔嫩，营养丰富，如下图所示。

红菜头

【品质鉴选】直根扁球状、球状、锥状或长锥状，皮肉一般为深红色至深紫红色，间有近乎白色者较好。

【烹饪用途】西餐中除做主菜、做汤之外，也可把肉质根煮烂，做成菜泥，加上调料拌匀食用，同时还可作盆饰。

【储存方法】放于0～5℃的冰箱中冷藏。

(5) 辣根

辣根（Horseradish）又名西洋山箭菜、西洋葵菜、山葵萝卜、马萝卜，属十字花科，以肉质根供食用的多年生宿根植物。原产于欧洲东部，在东欧和土耳其已有2 000多年栽培历史，我国青岛、上海郊区栽培较早。辣根具有强烈的辛辣味，含有烯丙（基）硫氰酸，磨碎后干藏，备作煮牛肉和奶油食品的调料或切片作为罐藏食品的香辛味料，也有剥皮醋渍的，我国自古将其作为药用，有利尿、兴奋神经的功效，如下图所示。

辣根

【品质鉴选】挑选肥大的肉质根为佳。

【烹饪用途】辣根是西餐中常见的调味蔬菜，有较强的辛辣味。辣根少司主要以辣根、醋精为主要原料，与其他调味料制成，辛辣芳香，酸甜解腻。主要用于日本料理、家常凉拌菜和海鲜的调味，也适合于佐食烤牛肉、烤猪肉、冷盘鱼等。

【储存方法】放于0～5℃的冰箱中冷藏。

(6) 芜菁

芜菁（Turnip）又叫蔓菁、圆根、盘菜等，为十字花科芸薹属芸薹种芜菁亚种，能形成肉质根的两年生草本植物。芜菁以肥大的肉质根提供食用，其肉质根属萝卜型，外形呈球形、扁圆形、矩圆形或圆锥形，皮多为白色，也有上部绿色或紫色、下部白色的，如右图所示。芜菁原产于地中海沿岸，我国自古就有种植，现分布于华北、西北及华东江浙一带。

芜菁

【品质鉴选】芜菁以个体大小均匀，无病虫害，无糠心和抽薹现象，新鲜、脆嫩、无苦味者为佳。

【烹饪用途】芜菁柔嫩致密，味似萝卜，无辣味而带甜味，可生食，也可炒、煮和腌渍或干制，还可以用来制作酸菜等。

【储存方法】放于0～5℃的冰箱中冷藏。

4. 瓜果类

(1) 节瓜

节瓜（Chieh－Qua）又称毛瓜，原产我国南部，是我国的特产蔬菜之一，在岭南各地栽培历史悠久。瓜身圆筒状，果面具数条浅纵沟或星状绿白点，表面青绿色，密被茸毛，肉质幼滑，一般重250～500克，以夏季出产品质为佳，如下图所示。节瓜具有清热、消暑、解毒、利尿、消肿等功效，是炎热夏季的理想蔬菜。

节瓜

【品质鉴选】瓜身多毛，表面青绿色有光泽，才是新鲜的瓜。

【烹饪用途】用于扒、滚汤、煲汤、蒸、焖等。

【储存方法】放于阴凉处；或用纸或保鲜膜包住，放入冰箱冷藏。

(2) 茄子

茄子（Eggplants）又称茄瓜、矮瓜，是茄科茄属一年生草本植物，热带为多年生，呈棒形略有弯曲，尾细，形状有圆形、椭圆形和梨形等，表皮有光泽，色泽有紫红色、青绿色、粉白色几种。茄子肉质细致软滑，以夏、秋季出产品质为佳。茄子的营养也较丰富，含有蛋白质、糖类、维生素以及钙、磷、铁等多种营养成分，经常吃些茄子，有助于防治高血压、冠心病、动脉硬化和出血性紫癜。如下图所示。

【品质鉴选】以果形均匀周正，皮薄、籽少、肉厚、细嫩者为佳品。

【烹饪用途】用于蒸、焖、酿、凉拌等。

【储存方法】放于阴凉处；或用纸或保鲜膜包住，放入冰箱冷藏。茄子切后要用清水稍浸泡，以防褐变。

茄子

(3) 青瓜

青瓜（Cucumber）又称黄瓜、胡瓜，形似短棒，表皮有小刺凸起，皮色以绿色为主，但易转黄色，瓜肉质地爽脆而甜，青瓜以夏、秋季所产品质为佳，如下图所示。青瓜脆嫩多汁，含多种维生素，具有清热、解渴、润肠之功效。

青瓜

【品质鉴选】以长短适中，粗细适度，皮薄肉厚，子瓤少，质脆嫩，味清香者为最佳。

【烹饪用途】常用于炒、浸、冷菜的配料、菜肴装饰等，适于炒、炝、焖、烧、烩、拌、泡等烹调方法，也可作食品雕刻和冷盘拼摆原料，还可作热菜的围边装饰。此外，可作酱菜和腌菜，如“青瓜炒爽肚”“浓汤浸瓜青”“凉拌青瓜（拍黄瓜）”。

【储存方法】放于阴凉处；或用纸或保鲜膜包住，放入冰箱冷藏。

(4) 西葫芦

西葫芦（Marrow）又称云南小瓜，是南瓜的变种，葫芦科南瓜属的一种，果实呈圆筒形，果形较小，果面平滑，以采摘嫩果供菜用，原产北美洲南部，现已广泛栽培。西葫芦以皮薄、肉厚、汁多而深受人们喜爱，皮色有白色、白绿、金黄、深绿、墨绿或白绿相间，如下图所示。西葫芦具有清热利尿、除烦止渴、润肺止咳、消肿散结的疗效。

西葫芦

【品质鉴选】以颜色嫩绿，长相匀称，头尾粗细均匀，果实肉质嫩，味微甜，肉厚瓤小者为佳。

【烹饪用途】用于炒、酱爆菜式的配料，可荤可素、可菜可馅，常见的菜肴有“西葫芦炒牛柳”“西葫芦酱爆咸肉粒”等。

【储存方法】放于阴凉处；或用纸或保鲜膜包住，放入冰箱冷藏。

(5) 丝瓜

丝瓜（Luffa）又名胜瓜，为葫芦科攀缘草本植物，茎蔓性，有普通丝瓜和棱角丝瓜两类。普通丝瓜为细长圆筒形或长棒形，有密茸毛，表面粗糙，无棱，有纵向浅槽，肉厚质柔软；棱角丝瓜呈短棒形而无茸毛，有棱角，表皮硬，瓜肉稍脆，如下图所示。丝瓜有清凉、利尿、活血、通经、解毒的功效。

有棱丝瓜

无棱丝瓜

【品质鉴选】丝瓜以4月至9月上市的质量为好，以瓜条匀称、翠绿、质地脆嫩、味清甜为佳。

【烹饪用途】主要用于炒、蒸、扒，也可用于汤菜的制作。此外，还可作菜肴配料和配色原料。常见的菜式有“蒜茸蒸丝瓜”“洋葱胜瓜炒鲜鱿鱼”“蟹肉扒丝瓜条”等。

【储存方法】放于阴凉处；或用纸或保鲜膜包住，放入冰箱冷藏。

(6) 苦瓜

苦瓜（Balsam Pear）又称癞瓜、锦荔枝、癞葡萄、凉瓜，属瓜类蔬菜，果实纺锤形或圆筒形，表面有许多不规则凸起的瘤状物，色绿或绿白，成熟时黄赤色，果肉质嫩，清香味苦，如下图所示。

苦瓜

【品质鉴选】以瓜条粗细均匀，果面瘤状凸起，外皮色青绿，籽瓤少而小的嫩瓜为最佳。

【烹饪用途】适于炒、烧、煎、凉拌、焖等烹调方法，也可以作菜肴的配料。

【储存方法】放于阴凉处；或用纸或保鲜膜包住，放入冰箱冷藏。由于苦瓜具有苦味，如不习惯苦味，食用前可切开稍加盐腌，也可切开后用水浸泡，能减轻苦味。

(7) 无花果

无花果（Fig）原产于地中海和西南亚，为桑科无花果属。因花小，藏于花托内，又名隐花果，为多年生小乔木。叶互生，厚膜质，宽卵形或矩圆形，少有分裂，先端钝，基部心形，边缘波状或有粗齿；上面粗糙，下面生短毛，托叶三角形或卵形，早落。夏季开花，花单性，隐藏于倒卵形囊状的总花托内。果实为肉果，倒卵形，在盛夏熟，外面暗紫色，里面红紫色，质地柔软，味酸甜，如下图所示。

无花果

【品质鉴选】个头较大、果肉饱满的，不开裂，紫红色为成熟果实。

【烹饪用途】花托生食，味美，制酒或做果干，西餐中主要用于西点调味、装饰。

【储存方法】放于阴凉处；或用纸或保鲜膜包住，放入冰箱冷藏。

(8) 南瓜

南瓜 (Pumpkin) 又名麦瓜、番瓜、倭瓜、金瓜，是葫芦科南瓜属植物，因产地不同，称谓各异。南瓜在中国各地都有栽种，嫩果味甘适口，是夏秋季节的瓜菜之一。淡黄至橘黄色，扁球形、球形至长圆形等。现在饮食业常用的是引进品种“日本小金瓜”，重量在500克左右，橙红色。南瓜含有淀粉、蛋白质、胡萝卜素、维生素B、维生素C和钙、磷等成分。南瓜还含有丰富的钴，参与人体内维生素B_{12}的合成，是人体胰岛细胞所必需的微量元素，对防治糖尿病，降低血糖有特殊疗效，如下图所示。

南瓜

【品质鉴选】表面颜色以色泽金黄微微泛红，或是颜色深绿，皮的颜色可以稍微深，南瓜以重而沉手的好，瓜肉橙黄色，颜色鲜浓。

【烹饪用途】蒸、焖、炸、扒、焗或制作调味汁等，可做馅心，也可以煮粥、做汤，并能用于食品雕刻，常见菜式有“南瓜蒸排骨”“金沙南瓜条”“鲍汁扒南瓜”“泰汁焗南瓜”等。

【储存方法】放置于阴凉处。

(9) 辣椒

辣椒 (Pepper) 又名秦椒、青椒、番椒，分圆椒 (灯笼椒)、尖椒 (牛角椒) 和指天椒三大类。圆椒又有单皮、双皮两种，单皮圆椒早熟、肉薄皮软，味微辣，不耐保存；双皮圆椒较单皮圆椒迟熟十多天，质优，肉厚，味微辣带甜；尖椒辣味中等；指天椒直立向天上长，味极辣，如下图所示。

【品质鉴选】辣椒以春、夏季出产品质为佳，一年四季均有出产，以2月至3月上市的质量为优；以果肉厚，果形完整，色鲜艳、有光泽，表皮光滑者为佳。

【烹饪用途】用于炒、酿、作配料等，也可制作腌菜和泡菜。辣椒是重要的辣味调味料，可加工成干辣椒、辣椒粉、辣椒油等制品。常见的菜式有“豉椒炒鳝球”“煎酿辣椒”“豉椒炒爽肚”等。

灯笼椒

牛角椒

【储存方法】低温储藏法、气调储藏法。

(10) 西红柿

西红柿 (Tomato) 又名番茄，原产南美洲，外形有苹果形、长果形、樱桃形等多种，成熟后颜色鲜红，果肉软而多汁，酸带微甜，富含维生素，如下图所示。供应期以 11 月至翌年 3 月为佳。番茄内的苹果酸和柠檬酸等有机酸，有增加胃液酸度，帮助消化，调整胃肠功能的作用。

西红柿

【品质鉴选】挑选时以果形周正，无裂口、无虫咬，成熟适度，酸甜适口，肉肥厚，心室小者为佳。

【烹饪用途】用于炒、滚、焖、煲、制作调味汁，能点缀菜肴色泽；也可用作甜菜及冷菜拼摆，还是加工番茄酱、番茄汁的原料，常见菜式有“番茄炒鸡蛋”“番茄滚肉片汤”“番茄土豆煲猪骨”“番茄煮鲍鱼”等。

【储存方法】放于阴凉处；或用纸或保鲜膜包住，放入冰箱冷藏。

5. 花菜类

(1) 花菜

花菜 (Cauliflower) 又称西蓝花、椰菜花、花甘蓝、洋花菜、球花甘蓝，为十字花科植物，是由十字花科甘蓝演化而来，根上生叶，叶上长主茎及支茎，茎上长满小颗粒组成花状，整体很像一个大花朵。绿色的叫西蓝花，白色的叫椰菜花，如下图所示。花菜的维生素 C 含量极高，还含有丰富的胡萝卜素及钾、钙、硒等微量元素，食用后易于人体消化吸收，不但有利于人体的生长发育，更重要的是能提高人体的免疫功能。

椰菜花

西蓝花

【品质鉴选】优质的花菜新鲜、清洁、坚实、紧密、饱满且呈绿色或白色，花菜肉质细嫩，味甘鲜美。

【烹饪用途】用于炒、灼等，有时也作菜肴的配色料、配形料。还可酱渍、酸渍或泡菜。常见的菜式有“花菜炒鲜鱿鱼”“花菜鲜带子”“白灼西蓝花”“凉拌椰菜花”等。

【注意事项】花菜中易生菜虫，常有残留的农药，烹制前须将菜花放在盐水中浸泡几分钟，可除去菜虫，还能减少残留农药。

【储存方法】低温储藏法。

(2) 罗马花椰菜

罗马花椰菜（Roman Cauliflower）俗称青宝塔，是一种可食用的花椰菜，16 世纪发现于意大利。十字花科芸薹属甘蓝种一二年生草本植物。罗马花椰菜花球表面由许多螺旋形的小花组成，小花以花球中心为对称轴成对排列。它的神奇在于其规则和独特的外形，已经成为著名的分形几何模型，它以一种特定的指数式螺旋结构生长，而且所有部位都是相似体，这与分形几何中不规则碎片形所包含的简单数学原理相似。它看上去有点像西蓝花，绿油油的，在口感上，较花菜爽甜，口感丰富，是难得的蔬菜佳品，如下图所示。

【品质鉴选】优质罗马花椰菜，花球洁白，脆嫩，色泽好，花球紧实，握之有重量感，无茸毛，可带 4～5 片嫩叶，菜形端正，近似圆形或扁圆形，无机械损伤，球面干净，无玷污、无虫害、无霉斑。

【烹饪用途】罗马花椰菜口味独特，细嫩优雅，生食的滋味更佳，可用于炒、灼或菜品的装饰，如“罗马花椰菜炒鲜鱿鱼”“罗马花椰菜鲜带子”“白灼罗马花椰菜”“凉拌罗马花椰菜”等。

【储存方法】低温储藏法。

(3) 朝鲜蓟

罗马花椰菜

朝鲜蓟（Artichoke）别名法国百合、洋蓟、菊蓟、洋百合、荷花百合等，原产地中海沿岸，是由菜蓟演变而成，以法国栽培最多。朝鲜蓟外面包着厚实的花萼，只有菜心和花萼的根部比较柔软，可以食用。朝鲜蓟富含维生素、铁、菜蓟素、黄酮类化合物等多种对人体有益的成分。朝鲜蓟品种较多，每个类型又可依苞片颜色分为紫色、绿色和紫绿色等；按花蕾形状又分为鸡心形、球形、平顶圆形三类。朝鲜蓟味道清淡、生脆，是西餐烹调中的高档蔬菜，如下图所示。

朝鲜蓟

【品质鉴选】以叶片茂盛、花萼厚实者为佳。

【烹饪用途】朝鲜蓟的花蕾部分食用方法较多，可生食，也可煮食、炒食、油炸、腌制、制酱、做汤，还可制成罐头和制开胃酒。

【储存方法】低温储藏法。

(4) 夜香花

夜香花（Cordate Telosma）为柳叶菜科植物红萼月见草的根。茎直立，高 1 米左右，基部有红色长毛，花单生于枝端叶腋，排成疏穗状，花瓣 4 片，黄绿色，有清香气，夜间更甚，故有“夜来香”之称，倒卵形或倒心脏形，花期为 7 月至 8 月，多栽培于庭园中，以叶、花、果入馔，有清肝、明目、拔毒、强筋壮骨、祛风除湿、清热明目的疗效，如下图所示。

夜香花

【品质鉴选】宜选花型饱满、含苞待展的花苞，倘若花型已开，则香气必散，口味远逊。

【烹饪用途】用于炖、滚、酿等，如“夜香花滚花甲”“八宝冬瓜盅”等。

【储存方法】低温储藏法。注意检查花瓣有无花蜘虫，可用淡盐水泡浸，洗净。

(5) 黄花菜

黄花菜（Day Lily）又名鲜金针、忘忧草、萱草花、健脑菜，是一种多年生草本植物的花蕾。黄花菜味鲜质嫩，营养丰富，含有丰富的花粉、糖、蛋白质、维生素 C、钙、脂肪、胡萝卜素、氨基酸等人体所必需的养分，其所含的胡萝卜素甚至超过西红柿几倍。黄花菜有止血、消炎、清热、利湿、消食、明目、安神等功效，还能滋润皮肤，增强皮肤的韧性和弹性，可使皮肤细嫩饱满，如下图所示。

黄花菜

【品质鉴选】以洁净、鲜嫩、不蔫、不干、芯尚未开放、无杂物者为优。

【烹饪用途】用于浸、炒、灼、滚、扒等，常见菜式有“上汤浸黄花菜”“蟹肉扒黄花菜”“生灼黄花菜”等。

【注意事项】鲜黄花菜含有秋水仙碱，食用后会引起咽喉发干、呕吐、恶心等现象，必须先焯水，并煮透后食用。

【储存方法】低温储藏法。

6. 食用菌类

(1) 杏鲍菇

杏鲍菇（Mushroom）别名刺芹侧耳，菌盖为圆碟状，表面有丝状光泽，平滑、干燥，直径以3厘米左右为佳，菌肉肥厚，质地脆嫩，特别是菌柄组织致密、结实、乳白，可全部食用，且菌柄比菌盖更脆滑、爽口，被称为“平菇王”“干贝菇”，具有令人愉快的杏仁香味和如鲍鱼的口感，如下图所示。

杏鲍菇

【品质鉴选】色泽乳白光滑，肉质肥厚，成熟度以七分熟为好，菌柄10厘米左右，直径以3厘米左右为佳，这样的杏鲍菇口感最好。

【烹饪用途】用于炒、焗、扒、滚、煲等，常见的菜式有“杏鲍菇炒鳜鱼球”“美极煎酿杏鲍菇”“鲍汁扒杏鲍菇”等。

【储存方法】低温储藏法。

(2) 鸡腿菇

鸡腿菇（Coprinus Comatus）因其形如鸡腿而得名，其子实体肉质呈伞状，其菌盖半肉质，菌柄肉厚实粗壮，整体呈白色，如下图所示。其口感滋味以鸡肉味居多，煮时不烂，滑嫩清香。鸡腿菇营养丰富，味道鲜美，口感极好，因而颇受消费者青睐，鸡腿菇含有丰富的蛋白质、脂肪、纤维素及钾、钠、钙、镁、磷、铜等微量元素。

【品质鉴选】以色白，菌盖紧收不开裂口，菌柄粗大壮实者为最佳。

【烹饪用途】用于炒、焖、焗、煲、滚等，常见的菜式有“鸡腿菇兰豆炒鱼球”“泰汁煎焗鸡腿菇”等。

【储存方法】低温储藏法。

鸡腿菇

(3) 白灵菇

白灵菇（Pleurotus Nebrodensis）又名阿魏蘑、阿魏侧耳、阿魏菇。白灵菇肉质细嫩，其菇体色泽洁白、味道鲜美，如下图所示。白灵菇营养丰富，据科学测定，其蛋白质含量占干菇的 20%，含有 17 种氨基酸、多种维生素和无机盐，白灵菇还具有一定的医药价值，它含有真菌多糖和多种矿物质，具有调节人体生理平衡，增强人体免疫功能的作用。

白灵菇

【品质鉴选】白灵菇以菌盖完整、菇色洁白、菌肉坚实致密、菌盖直径 7～15 厘米者为佳。

【烹饪用途】用于炒、滚、扒、烩、焗等，常见的菜式有“白灵菇炒双脆”“双菌扒菜胆”“灵菇灵芝煲鸡”等。

【储存方法】低温储藏法。

(4) 茶树菇

茶树菇（Agrocybe Aegerita）又名柱状田头菇、杨树菇、茶薪菇，隶属真菌门，属高档食用菌类。菌盖初生后逐平展，中浅褐色，边缘较淡，菌肉白色、肥厚。菌褶与菌柄呈直生或不明显隔生，初褐色，后浅褐色。菌柄中实，长 4～12 厘米，淡黄褐色。菌环白色，膜质，上位着生，如下图所示。茶树菇是一种高蛋白、低脂肪，无污染、无药害，集营养、保健、理疗于一身的纯天然食用菌，富含人体所需的天门冬氨酸、谷氨酸和十多种微量元素，其药用保健疗效高于其他食用菌。

茶树菇

【品质鉴选】茶树菇以盖嫩柄脆，柄粗细大小一致者为佳。

【烹饪用途】用于炒、煲、炖、焖、扒、焗等，常见的菜式有“茶树菇炒牛柳”“茶树菇煲（炖）鸡”“金沙焗茶树菇”“香酥茶树菇”等。

【储存方法】低温储藏法。

(5) 鲜木耳

鲜木耳（Agaric）又名黑木耳、光木耳。木耳子实体胶质，圆盘形，耳形不规则，直径 3～12 厘米。新鲜时软滑，干后成角质，风味特殊，是一种营养丰富的著名食用菌，如下图所示。木耳含糖类、蛋白质、脂肪、氨基酸、维生素和矿物质，有益气、充饥、轻身强智、止血止痛、补血活血等功效，且富含多糖胶体，有良好的清滑作用。

鲜木耳

【品质鉴选】以正面黑褐色，背面灰白色，色鲜、肉厚、朵大者为质优耳。

【烹饪用途】用于炒、焖、滚、烩等，常见的菜式有“木耳炒肉片”“木耳焖鸡”“三鲜鱼片汤”“三丝烩鱼肚”等。

【储存方法】低温储藏法。

(6) 鲜香菇

鲜香菇 (Lentinula Edodes) 又称香菌、香蕈、冬菇、香信，属食用菌类蔬菜，是寄生在枫树上的菌类，采摘后经加工而成。香菇子实体伞形，菌盖半肉质，菌肉白色，较厚，表面浅褐色或棕褐色，有的着生絮状鳞片，菌柄纤维质，其质地肥厚，嫩滑可口，味道特别鲜美，如下图所示。香菇在我国人工栽培量大，市场供应既有鲜品，又有干品，干菇美味可口，香气横溢；按外形和质量分为花菇、厚菇、薄菇和菇丁四种，以花菇质量最好。

鲜香菇

【品质鉴选】以菇形圆整，菌肉肥厚，菌盖下卷，有菌香味者为佳。

【烹饪用途】香菇用途多样，荤素佐配均能成为佳肴，适用于蒸、炒、焖、酿、扒、滚、煲、炖、浸等，常见的菜式有“冬菇蒸滑鸡”“鲜冬菇炒鸡柳”“百花酿冬菇”“鸡油扒冬菇”“浓汤浸鲜冬菇”。

【储存方法】低温储藏法。

(7) 鲜草菇

鲜草菇 (Straw Mushroom) 又名鲜菇、兰花菇、包脚菇，属食用菌类蔬菜，伞形，分为菌盖、菌柄、菌托等几部分。菌盖伸展后中央稍凸起，呈灰色或黑灰色，有褐色条纹，菌柄较长，呈白色，菌托在菌蕾期包裹菌盖和菌柄，形成白色蛋形菌苞，上缘灰黑色，如下图所示。草菇肉质滑嫩，香气浓郁，味鲜美。鲜草菇营养丰富，其蛋白质含量比一般蔬菜高好几倍，有“素中之荤”的美名。鲜草菇含有一种异型蛋白，能抑制癌细胞生长，具有抗癌作用。其维生素 C 含量高，能促进人体新陈代谢，提高机体免疫力，还具有解毒作用。

【品质鉴选】有菇类特有的鲜味，在挑选时，要注意其新鲜程度，以无破损、无霉烂、无异味，颜色自然，菇体弹性好，手感不黏、不湿，菇体洁净，无虫蛀，不带泥沙杂质者为佳。

【烹饪用途】用于炒、焖、扒、滚等，常见的菜式有“蚝油扒鲜菇”“鲜菇炒肉片”“鲜菇焖滑鸡”“鲜菇鱼片汤”等。

【储存方法】可以用淡盐水保存方法：把鲜草菇削根洗净后待用，再在锅里倒入自来水烧开，放入草菇，再放入一点盐，待水沸腾 2～3 分钟，降温后即可放入冰箱，可保存 5 天左右。

鲜草菇

(8) 蘑菇

蘑菇（Mushroom）又称白蘑菇、洋蘑菇、口蘑菇、蘑菰，由菌丝体和子实体两部分组成。菌丝体是营养器官，子实体是繁殖器官，蘑菇的子实体在成熟时很像一把撑开的小伞，由菌盖、菌柄、菌褶、菌环、假菌根等部分组成，如下图所示。蘑菇中含有人体很难消化的粗纤维、半粗纤维和木质素，可保持肠内水分，对预防便秘、肠癌、动脉硬化、糖尿病等都十分有利。

蘑菇

【品质鉴选】挑选时以个体均匀，菌肉肥厚，菌伞直径 3 厘米左右，菌伞边沿完整紧密，菌柄短壮者为佳。

【烹饪用途】适用于焖、炒、滚等，也可做汤或馅心，是多种菜肴的配料，有增鲜味的作用；常见的菜肴有“蘑菇焖鸡”“鼎湖上素”“三鲜锅仔浸蘑菇”等。

【储存方法】低温和气调保鲜效果最好，0～4℃是蘑菇保鲜的适温。禁用铁、铜器皿，否则蘑菇色泽变暗、变褐。

(9) 鸡枞菌

鸡枞菌（Collybia Albuminosa）又称伞把菌、鸡肉丝菌、白蚁菇，属食用菌类蔬菜。鸡枞其子实体肉质，菌盖中央凸起，呈尖帽状或乳头状，深褐色，表面光滑或呈辐射状开裂，菌肉厚，白色菌盖中央生菌柄，粗细不等，其味鲜美，有脆、嫩、香、鲜的特点，如下图所示。

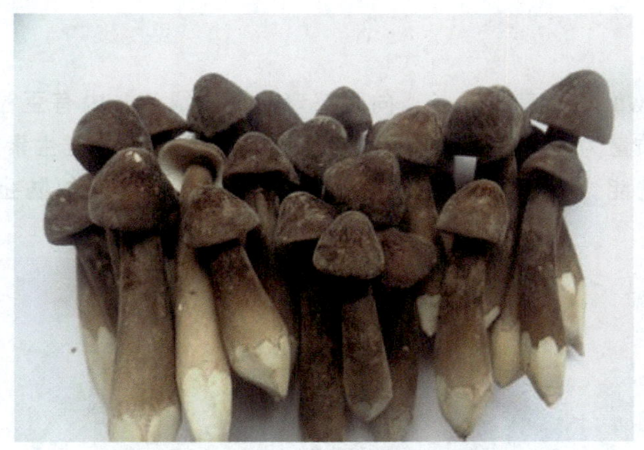

鸡枞菌

【品质鉴选】以菌盖未开裂，菌肉厚实者为佳。

【烹饪用途】适于炒、爆、烩、烧、煮等烹调方法，可与多种原料配用，也可做汤羹，还可干制或腌制。

【注意事项】初加工时应去净根部杂质。

【储存方法】气调储藏法。

(10) 平菇

平菇 (Cap Fungus) 又称侧耳、北风菌，属食用菌类蔬菜。子实体丛生或叠生，菌盖呈贝壳形、近半圆形至长形，菌肉白色，皮下带灰色，菌柄侧生，如下图所示。平菇肉厚肥大，质地嫩滑，滋味鲜美。

平菇

【品质鉴选】以色白、肉厚质嫩，形态完整者为佳。

【烹饪用途】适于炒、烧、拌、烩、焖等烹调方法。还可做汤及馅心和面臊，也可干制或制成罐头。

【储存方法】低温储藏法。

7. 豆类

(1) 荷兰豆

荷兰豆 (Snowpeas) 扁平而长，向腹部弯曲，深绿色，内有豆粒，质地爽甜带腥味，以冬季所产质量为佳，如下图所示。荷兰豆含丰富的铁及维生素，具有抗菌消炎、增强新陈代谢的功能，荷兰豆还含有较为丰富的膳食纤维，可以防止便秘，有清肠作用。

荷兰豆

【品质鉴选】挑选以色翠绿，清脆爽甜者为佳。

【烹饪用途】多用于炒，或是馅心，是多种菜肴的配料。如“荷芹炒腊味”“兰豆炒猪颈肉”等。

【储存方法】低温储藏法。

(2) 四季豆

四季豆 (Green Bean) 又名菜豆、芸豆、扁豆、玉豆、架豆，原产于南美洲热带地区。四季豆属软荚类菜豆，果皮肉质化，含纤维少，当豆荚长大后，果皮仍然柔软可食，如下图所示。因其富含蛋白质，多吃可滋五脏、补血、补肝、明目，能帮助肠胃吸收、润肠、助排便，有健脾补肾、清热、防脚气等功效。

【品质鉴选】以色泽嫩绿，表皮光洁，无斑痕、无虫蛀，而且豆荚饱满，肥硕多汁，用手折断后无菜筋者为好。

【烹饪用途】用于炒、焖、干煸等，如“榄菜肉茸四季豆”“四季豆焖肉排”等。

【储存方法】低温储藏法。

【注意事项】四季豆含有大量皂苷和血球凝集素，食用时要加热至熟透 (100℃以上)，其毒素才会被破坏。

(3) 蜜豆

蜜豆又名甜蜜豆、甜荷兰豆，属豆科豌豆，是一年生攀缘草本植物。其结荚饱满，

四季豆

颜色青绿，外形美观，嫩荚可食用，营养丰富，食味甜脆爽口。蜜豆分大荚种和小荚种，盛产期为 11 月至翌年 3 月，蜜豆的豆荚及豆粒都十分甜美且脆，如下图所示。

蜜豆

【品质鉴选】选购时以豆荚青绿鲜嫩不萎缩、无斑点者为上品，豆粒越饱满越甜。

【烹饪用途】用于炒、做汤、涮食等作配料，常见的菜式有“蜜豆炒花枝片”“蜜豆生鱼球”等。

【储存方法】低温储藏法。

第三节 果品类原料

水果在西餐中用途甚广。习惯上，水果用于甜菜中，如布丁、水果馅饼和果冻等。但是，在咸味菜肴中它也是重要角色，如在传统法国菜“维罗克比目鱼”中配以绿色葡萄。多年来，水果在西餐中还作为调味品，起去腥、解腻作用，如解除畜肉和鱼的腥味，减少猪肉和鸭肉的油腻，或增加小牛肉和鱼肉的味道等。此外，水果也常与奶酪搭配作为甜菜。表 5—5 列出了西餐常用的水果品种。

表 5—5　　西餐常用的水果品种

水果种类	包括的品种
软水果（Soft Fruits）	草莓（Strawberry）、醋栗（Gooseberry）、黑莓（Blackberry）、蔓越莓（Cranberry）
硬水果（Hard Fruits）	苹果（Apple）、梨（Pear）
核果（Stone Fruits）	杏（Apricot）、樱桃（Cherry）、李子（Plum）、桃（Peach）、鳄梨（Avocado）
柠檬果（Citrus Fruits）	甜橙（Orange）、橘子（Mandarin）、葡萄（Grapes）、柠檬（Lemon）
热带水果及其他外来品种（Tropic Fruits and Others）	香蕉（Banana）、菠萝（Pineapple）、榴梿（Durian）、芒果（Mango）、荔枝（Litchi）和各种瓜类（Melons）

一、鲜果类原料

1. 西瓜

西瓜（Watermelon）又名伏瓜、夏瓜。西瓜坚实、匀称，表皮色泽暗淡，如下图所示。西瓜有消烦止渴、解暑热、解酒毒、利尿除烦之功效，对夏令中暑、烦闷口渴、尿少发黄等症有治疗作用。

西瓜

【品质鉴选】以每年 4 月至 9 月出产品质为优。若西瓜成熟时用手指关节轻敲表皮时，会发出重浊的响声。

【烹饪用途】用于榨汁制饮料，制作果盘、沙拉菜品等。

【储存方法】低温储藏法。

2. 草莓

草莓（Strawberry）又叫红莓、洋莓、地莓等，是一种红色的水果。草莓是对蔷薇科草莓属植物的通称，属多年生草本植物。草莓的外观呈心形，鲜美红嫩，果肉多汁，含有特殊的浓郁水果芳香，如下图所示。草莓营养价值高，含丰富的维生素 C，有帮助消化的功效；草莓还可以巩固齿龈，清新口气，润泽喉部。

【品质鉴选】草莓以每年 3 月至 5 月出产品质为优。以坚实、亮泽，表面光亮、有细小绒毛、色泽大红者为好。

草莓

【烹饪用途】用于榨汁后调制调味汁，制作果盘、沙拉，制作果汁。

【储存方法】低温储藏法。由于草莓在清洗后会失去本味，且易变质，因而应在食用时才清洗。

3. 菠萝

菠萝（Pineapple）又名凤梨，是周年生长的水果，是著名热带水果之一，原产于南美洲巴西、巴拉圭的亚马孙河流域一带，16 世纪从巴西传入我国。其可食部分主要由肉质增大之花序轴、螺旋状排列于外周的花组成，花通常不结实，宿存的花被裂片围成一空腔，腔内藏有萎缩的雄蕊和花柱。凤梨与菠萝在生物学上是同一种水果，台湾称之为凤梨。若可轻易将茎部从顶部摘下，即表示果肉已成熟。菠萝味香甜，有滋润、清热除燥之功效，如下图所示。

菠萝

【品质鉴选】菠萝以 3 月至 7 月产为佳，以身重、微香、有光泽绿叶者为优质。

【烹饪用途】用于炒、焖、炸的菜式及作配料，制作果拼、冷盘等，如“紫萝鸭片”“菠萝焖鸡”“香菠生炒骨”“萝扣肉”等。

【注意事项】把菠萝泡在盐水里再吃，能使其中所含的一部分有机酸分解在盐水里，去掉酸味，让菠萝吃起来更甜。也可以放在开水里煮一下再吃，菠萝蛋白酶在 45～50℃就开始变性，到 100℃时 90% 以上都被破坏，经煮沸后口味也得到改善，每次吃菠萝不可过多，过量食用对肠胃有害。

【储存方法】低温储藏法。

4. 木瓜

木瓜（Pawpaw）又名木梨、万寿瓜、光皮木瓜，为落叶灌木或小乔木，果实如瓜，长椭圆形，长 10～35 厘米，如下图所示。木瓜果肉厚实、香气浓郁、甜美可口。木瓜的应用非常广泛，常用于除韧的食品添加剂“松肉粉”或者是“嫩精”中，就含有木瓜中的乳状液汁——木瓜酵素，其效用就是将肉类的结缔组织以及卵白质分化，让肉吃起来更鲜嫩适口。木瓜在助消化之余还能消暑解渴、润肺止咳。

【品质鉴选】以表皮光滑、表皮呈黄色，果肉厚，味清甜者为佳。

【烹饪用途】用于炒、扒、炖、煲、滚和制作果盘等，如“万寿果炖雪蛤”“木瓜海鲜船”“木瓜煲鲫鱼”等。

【储存方法】低温储藏法。

木瓜

5. 芒果

芒果（Mango）是一种原产印度的漆树科常绿大乔木，叶革质，互生；花小，杂性，黄色或淡黄色，成顶生的圆锥花序。核果大，压扁，长5～10厘米，宽3～4.5厘米，成熟时黄色，味甜，果核坚硬。芒果为著名热带水果之一，含有糖、蛋白质、粗纤维，其所含有的维生素A的前体胡萝卜素成分特别高，是所有水果中少见的，如下图所示。

芒果

【品质鉴选】以外皮完好，光滑度适中，皮薄、果肉光滑、有香味者为佳。

【烹饪用途】用于炒、扒、制作果盘等，可制作果汁、果酱、罐头、腌菜、酸辣泡菜及芒果奶粉、蜜饯等。

【储存方法】低温储藏法。

6. 鲜柠檬

柠檬（Fresh Lemon）又称柠果、洋柠檬、益母果，现在主产国为意大利、希腊、西班牙和美国，中国台湾、福建、广东、广西等地也有栽培。鲜柠檬黄色，有光泽，椭圆形或倒卵形，顶部有乳头状凸起，皮不易剥离，果实汁多肉脆，有浓郁的芳香气，如下图所示。柠檬是世界上有药用价值的水果之一，它富含维生素 C、糖类、钙、磷、铁、维生素 B_1、维生素 B_2 和低量钠元素等，对人体十分有益。

鲜柠檬

【品质鉴选】以果皮表面光滑、形状正常、色泽均匀者为优质。

【烹饪用途】因为味酸，故只能作为上等调味料，用于制作柠汁、烹饪调料——糖醋等多种调味汁。烹饪有膻腥味的食品时，可将柠檬鲜片或柠檬汁在起锅前放入锅中，可去腥除腻。

【储存方法】低温储藏法

7. 椰子

椰子（Coconut）是热带地区椰树的果实，生长在树上时，本身有一层绿色的纤维外皮作保护，但到市面售卖时已被剥去外皮，变成一个多毛、棕色的硬壳果，海南省是我国的主要产区，如下图所示。

椰子

【品质鉴选】新鲜的椰子以里面的椰汁很足，椰肉厚，椰肉色白如玉，芳香滑脆者为佳。

【烹饪用途】常用于煲、炖、炒、调制椰汁、制作布丁及甜品，如“椰子煲竹丝鸡”“酥皮椰子炖燕窝”“椰青炒鸡柳”“椰青炒牛柳”等。

【储存方法】低温储藏法。

8. 哈密瓜

哈密瓜（Hami Melon）又称甜瓜、甘瓜、网纹瓜，主要产于新疆哈密，有“瓜中之王”的美称。哈密瓜有 180 多个品种及类型，有早熟夏瓜和晚熟冬瓜之分，以“红心脆”“黄金龙”品质最佳，肉质分脆、酥、软，风味有醇香、清香和果香等。哈密瓜含蛋白质、膳食纤维、胡萝卜素、果胶、糖类、维生素 A、维生素 B、维生素 C、磷、钠、钾等，含糖量在 15%左右，并有清凉消暑、除烦热、生津止渴的作用，是夏季解暑的佳品，如下图所示。

哈密瓜

【品质鉴选】挑选时以瓜身坚实微软，成熟度适中，有香味者为佳。

【烹饪用途】用于炒、煲、制沙拉、制馅、果盘等，如“密瓜炒鸡片”“吉列海鲜卷”等。

【储存方法】低温储藏法。

9. 蓝莓

蓝莓（Blueberry）属杜鹃花科越橘属植物，起源于北美，为多年生灌木小浆果。因果实呈蓝色，故称为蓝莓。蓝莓主产于美国，因而又被称为美国蓝莓，如下图所示。

蓝莓

【品质鉴选】好的蓝莓圆润，大小均匀，表皮细滑，呈蓝紫色，覆有白色的果粉，不黏手，口感酸甜可口。

【烹饪用途】用于榨汁后调制调味汁，制作果盘、沙拉，制作果汁。

【储存方法】低温储藏法。

10. 蔓越莓

蔓越莓（Cranberry）又称蔓越橘、小红莓、酸果蔓，其名称来源于原称“鹤莓”，因蔓越莓的花朵很像鹤的头和嘴而得名，是杜鹃花科越橘属红莓苔子亚属的俗称。此亚属的物种均为常绿灌木，主要生长在北半球凉爽地带的酸性泥炭土壤中。花深粉红色，总状花序，红色浆果可作水果食用。因为蔓越莓本身的酸味较强，作为饮料时果汁内一般兑有糖浆或苹果汁等较甜的成分。蔓越莓也是一种天然抗菌保健水果，如右图所示。

蔓越莓

【品质鉴选】以色泽明亮、饱满结实者为佳。一般来说，颜色越深红，其中花青素的含量也越高。也可以通过浮在水面上的蔓越莓来判断其优劣，能浮在水面上的一般为优质的蔓越莓。

【烹饪用途】用来做成果汁、果酱等。蔓越莓酱是美国感恩节主菜火鸡的传统配料。

【储存方法】低温储藏法。

11. 葡萄

葡萄（Grape）又称草龙珠，是葡萄属的一种常见植物。葡萄果实呈椭圆或扁圆形，色泽随品种而异，有黑、红、紫、黄和绿色之分，果皮与果肉不易分离，果肉柔软较滑嫩，味酸甜，如下图所示。

葡萄

【品质鉴选】以粒大饱满，汁多无子，味甜醇正，无损伤者为最佳。

【烹饪用途】在烹饪中主要适合制作甜羹或甜菜的配料，也可作为水果上宴席，还可酿酒，制成葡萄干、果汁、果酱等。

【储存方法】低温储藏法。

12. 樱桃

樱桃（Cherry）又称荆桃、莺桃、含桃、中国樱桃，其果实呈球形，果柄长，果实较少，鲜红色，果肉稍甜带酸，如下图所示。

樱桃

【品质鉴选】以果粒大而均匀，色泽鲜艳，柄短核小，味甜汁多，无损伤，肉质软糯者为最佳。

【烹饪用途】樱桃可制作甜菜，也可配料和在菜肴中作围边装饰，还可以加工成果酱、果汁、果酒等。

【注意事项】樱桃不宜储藏，应做到随到即用。

【储存方法】低温储藏法。

二、干果类原料

1. 榛子

榛子（Hazelnut）又称山板栗、尖栗、棰子等，是榛树的果实种仁，为我国特产，世界四大干果之一。榛子坚果近球形，圆而稍尖，像小锥栗子，也叫榛栗，如下图所示。

榛子

【品质鉴选】以粒大完整、均匀干燥、壳薄、仁肉饱满、无异味者为最佳。

【烹饪用途】榛子仁主要用于炒，也可作为糕点、糖果的配料。

【储存方法】气调储藏法。

2. 腰果

腰果（Cashew）又名树花生、槚如树、鸡腰果、介寿果等，是腰果树上的果实，腰果剥去坚硬壳皮后的仁肉即为腰果仁。腰果仁色泽乳白，呈肾形，有清香味，口感脆嫩，如下图所示。

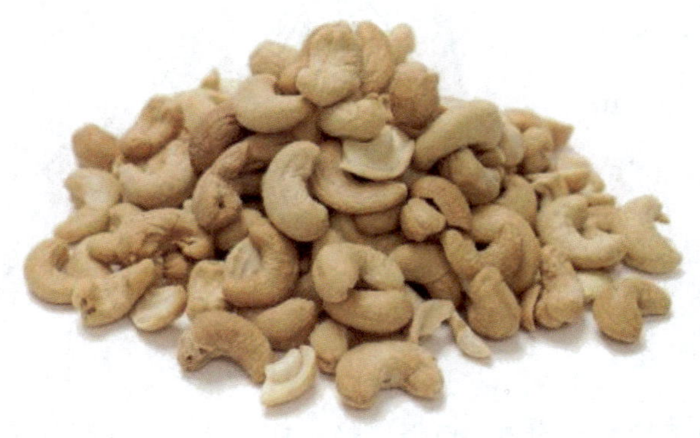

腰果

【品质鉴选】以颗粒整齐均匀，仁肉色白饱满，味香干爽，无碎粒无异味，含油量高者为最佳。

【烹饪用途】适于炒、爆、炸等烹调方法，多用作配料，可做点心馅料及装饰料等。

【注意事项】有“油哈”味的腰果不宜食用。

【储存方法】气调储藏法。

3. 夏果

夏果（Pecan）又称夏威夷果、澳洲坚果、澳洲胡桃，属山龙眼科常绿高大乔木，高可达 18 米，原产于澳大利亚东部沿海、昆士兰州东南部和新南威尔士州北部的亚热带雨林中。在世界上众多的干果之中，夏果的经济价值最高，享有“干果皇后”“世界坚果之王”的美称。夏果果仁营养丰富，其外果皮青绿色，内果皮坚硬，呈褐色，单果重 15～16 克，含油量 70%左右，蛋白质 9%，含有人体必需的 8 种氨基酸，还富含矿物质和维生素。果仁香酥滑嫩可口，风味和口感都远比腰果好，夏果富含单不饱和脂肪酸，它不仅有调节血脂、血糖的作用，还可有效降低血浆中血清总胆固醇和低密度脂蛋白胆固醇的含量，如下图所示。

【品质鉴选】以果仁大，颗粒饱满细腻，有独特的奶油香味者为佳。

【烹饪用途】适于炒、爆、炸等烹调方法，多用作配料，也可作点心馅料及装饰料等。夏果除了制作干果外，还可制作高级糕点、高级巧克力、高级食用油、高级化妆品等。

【注意事项】储存夏果时须注意防潮、防热，以免泛油变质。

夏果

【储存方法】低温冷藏法。

4. 杏仁

杏仁（Almond）又称杏核仁、杏子、木落子等，是植物杏的内核去掉硬壳所得的种仁。杏仁呈心脏形，略扁，顶端尖，基部钝圆，左右不对称；皮棕红色或暗棕色，表面有细微皱纹；具有特殊的清香味，略甘苦。根据品种不同有甜、苦之分，甜杏仁可供食用，苦杏仁味苦有微毒，如下图所示。

杏仁

【品质鉴选】以身干、颗粒完整均匀、无杂质虫蛀、无异味者为最佳。

【烹饪用途】适于烧、炒、爆、炖、烩等烹调方法，可作点心和甜菜，也是制作炒货的原料。

【储存方法】气调储藏法或低温冷藏法。

5. 核桃

核桃（Walnut）又称胡桃，果实近球形，果皮坚硬，有浅皱褶，呈黄褐色，其种仁呈不规则的块状，由四瓣合成，皱缩多沟，凹凸不平，外被棕褐色的薄膜状皮，不易剥落，核肉呈黄白色，质脆嫩，味干香，如下图所示。

核桃

【品质鉴选】以个儿大壳薄、肉质肥厚、色泽黄白、光泽清新、含油量高、无霉变虫蛀者为佳。

【烹饪用途】核桃鲜仁适于炒、拌等烹调方法，或作配料。干仁一般适于炸、粘、炒、炖、煲、爆、焖等烹调方法，也可作甜菜及点心馅料，还可制糖果或制炒货，用作茶酒点心。

【储存方法】气调储藏法或低温冷藏法。

6. 莲子

莲子（Lotus Seeds）是莲的成熟种子。莲子果呈卵圆形，两头略尖，表皮红棕色或黄棕色，有皱纹，紧贴于种仁上，不易剥离；一端深红棕色凸起，多有裂口；去皮后呈黄白色，种仁两片，肥厚，质坚硬，中央含有绿色胚芽，味甘淡，含丰富的淀粉，口感软糯爽口，如下图所示。

莲子

【品质鉴选】以颗粒饱满、粒大质重、肉厚色白、干爽洁净、无杂质异味者为最佳。

【烹饪用途】莲子干、鲜都可应用，适于蒸、煨、烩、煮、扒、拔丝、蜜渍等烹调方法，可作为菜肴的配料，也可用于制作糕点的馅心。

【注意事项】使用莲子时须除去莲心。

【储存方法】气调储藏法。

7. 松子

松子（Pinenut）又称海松子、新罗松子、松仁，是红松树的种子。其种仁称为松仁。松子形状为倒三角锥形或卵形，外包木质硬壳，壳内为乳白色果仁，果仁外包一层薄膜，味甘香浓郁，如下图所示。

松子

【品质鉴选】以粒大完整、均匀干爽、仁肉饱满、色白、无异味、碎粒少者为最佳。

【烹饪用途】适于炒、爆、熘、烧、炸等烹调方法，在菜肴中多作配料，也可作点心馅料和装饰料，还是制作炒货的原料。

【注意事项】储存松子时须注意防潮、防热，以免泛油变质。

【储存方法】气调储藏法。

思考与练习

1. 如何保管存放芦笋？
2. 蔬菜的分类方法有哪些？
3. 怎样挑选腰果？
4. 优质香菇的特点是什么？

第六章

调味品原料

学习目标

1．了解西餐调味品原料基础知识，掌握调味品质量选鉴方法

2．掌握调味品在西餐烹饪中的用途

调味品是西餐烹饪原料中非常重要的一个组成部分，没有调味品，西餐菜肴的风味和美味也就无从谈起。从调味原理来说，凡是在烹调过程中有调和食物味道作用的原料都应属于调味料的范畴，许多原料使用的场合不同，作用也不一样。调味料是西餐中用量很小、使用范围很广的一类原料，在某种程度上，调味料的变化是菜肴变化的重要手段。在烹调过程中，调节味感是调味料最主要的作用，它可以增加菜肴的味道并除去菜肴中的部分异味，另外，它还能调节菜肴的色泽、增加菜肴的营养、丰富菜肴的口感、延长原料的保存期，并能杀菌消毒。概括起来，调味料在西餐烹调中具有以下作用：为本身不显味的原料赋味，确定菜肴的口味，去除原料的不良异味，增强菜点的色泽，增加菜点的营养，杀菌消毒，增加食欲，促进消化。

一般调味品

一般调味品是指增加菜肴口味的常用调味原料，在西餐烹调中起着非常重要的作用。西餐烹调中常用的一般调味品主要有食盐、芥末粉、甜椒粉、辣酱油、番茄酱、醋、咖喱粉、水瓜柳等。

1. 食盐

食盐（Salt）按加工程度的不同，可分为原盐、洗涤盐、再制盐（加味盐、低钠盐、加碘盐）等。优质的食盐颜色洁白，无肉眼可见的杂质，结晶整齐一致，坚硬光滑，呈透明或半透明状，无结块，无反卤吸潮现象，无异味，具有醇正的咸味，如下图所示。

食盐

在西餐烹调中，食盐是咸味的主要来源，是菜肴最基本的味道，也是决定菜肴味道的重要因素。食盐可以改善原料的质感，增加原料的脆嫩感，还具有防腐作用，经过盐腌的食物可以长时间储存，还可以增加原料的风味。除此以外，在某些场合，食盐也被用作传热的介质。

2. 芥末粉

芥末粉（Mustard）是用芥末菜籽磨制而成的，除有辣味外，还有苦味，所以芥末粉在作为调味品使用时，需调制成糊酱后食用。在西餐中，芥末酱作为一种少司主要有法式芥末酱（Dijon Mustard）和美式芥末酱（America's Mustard）两种。前者由褐芥末籽、水、白葡萄酒和调味料制成，色泽淡黄，味道温和；后者由白芥末籽、白葡萄酒和调味料制成，色泽鲜黄，味道稍重。

芥末

芥末酱主要用于拌凉菜，可也用来蘸食煮制的肉类食品及佐食泥肠、火腿等口味较重的菜肴，有解腻提味、增进食欲的效果。

3. 甜椒粉

甜椒粉（Paprika）又称红椒粉。甜椒是茄科一年生草本植物，形状如一般的柿子，果实大，红色，味不辣，略甜，干后可制成粉，主要产于匈牙利。甜椒粉在西餐烹调中广泛用于调色和调味，如下图左所示。

4. 辣酱油

辣酱油（Chili Sauce）最初产于英国，是以海带、胡萝卜、洋葱、番茄、蒜、姜、辣椒等蔬菜煮汁，再加胡椒、陈皮、肉桂、豆蔻、藿香、桂皮、丁香、花椒、茴香、百里香等香辛料煮沸，然后添加食盐、味精、蔗糖、冰醋酸及焦糖色配制而成，体态如酱油，但无酱油成分，如下图右所示。它是一种具有酸辣辛香、风味独特而复杂的调味料，是烹饪欧美菜肴及其佐餐所必需的，最著名的为马斯特辣酱油。辣酱油多用于吃西餐、拌凉菜，也可佐蘸饺子。国内的主要品牌有李派林牌辣酱油、上海梅林牌辣酱油等。

5. 番茄酱和番茄少司

番茄酱（Tomato Paste）是由成熟红番茄经破碎、打浆、去除皮和籽等粗硬物质后，经浓缩、装罐、杀菌而成，呈鲜红色酱体，具有番茄特有的风味，是一种富有特

甜椒粉

辣酱油

色的调味品。番茄酱常用作鱼、肉等食物的烹饪作料，是增色、添酸、助鲜、提香的调味佳品。番茄少司是番茄酱加糖、醋、食盐在色拉油里炒熟调制出的一种酸甜汁，番茄少司呈红褐色、酱状、体质细腻、味酸甜而微有香辣味，主要用于西餐，如“炸猪排”和部分凉菜上放番茄少司，或用于“番茄牛尾汤”“番茄虾仁”等。如下图所示。

番茄酱

番茄少司

6. 醋

醋（Vinegar）是西餐烹调中主要的调味品之一，其品种繁多，如意大利香脂醋（Balsamic Vinegar）、香槟酒醋（Champwe Vinegar）、香草醋（Herb Vinegar）、他里根香醋（Tanligon Vinegar）、麦芽醋（Malt Vinegar）、葡萄酒醋（Wine Vinegar）、雪利酒醋（Sherry Vinegar）、苹果醋（Apple Cider Vinegar）、醋精和白醋（Atomatic Vinegar / White Vinegar）等，因其制作的方法不同，大致可分为发酵醋和蒸馏醋两大类。

（1）意大利香脂醋的主要材料是加热煮沸变浓稠的葡萄汁，经长期发酵制成，颜色深褐，汁液黏稠，口感酸甜而圆润，如下图左所示。

（2）葡萄酒醋是用葡萄或酿葡萄糖的糟渣发酵而成，有红葡萄酒和白葡萄酒两种，除口味酸之外，还有芳香气味，如下图右所示。

意大利香脂醋

葡萄酒醋

（3）苹果醋是用酸性苹果、沙果、海棠等原料经发酵制成的，色泽淡黄，口味醇鲜而酸，如下图左所示。

（4）醋精和白醋。醋精是用冰醋酸加水稀释而成，醋酸含量高达30%，口味纯酸，无香味，使用时应控制用量或加水稀释。白醋是醋精加水稀释而成，醋酸含量不超过6%，其风格特点与醋精相似，如下图所示。

苹果醋

醋精

白醋

7. 咖喱粉

咖喱粉（Curry Powder）是由多种辛香料混合调制而成的复合调味品。主要材料有红辣椒、姜、丁香、肉桂、茴香、小茴香、肉豆蔻、芫荽籽、芥末、鼠尾草、黑胡椒等，制作方法最早源于印度，后传入欧洲。其味道完全取决于制造者使用的辛香味，常用于制作咖喱菜肴，如下图左所示。

8. 水瓜柳

水瓜柳（Caper）又称水瓜钮、酸豆，原产于地中海沿岸及西班牙等地，为蔷薇科长绿灌木的果实，味酸而涩，可用于调味，如下图右所示。目前市场上供应的多为瓶装腌渍制品。水瓜柳常用于制作鞑靼牛排、海鲜类菜肴及沙拉等开胃小吃。

咖喱粉

水瓜柳

芳香植物调味品

西餐香料通俗来讲就像中国的调味品一样，在西餐烹调中起着举足轻重的作用，它可以在保持菜品原材料质量的基础上，使菜品的味道更加香浓美味。我们通常所说的香料，如百里香、月桂叶、罗勒叶、莳萝、肉豆蔻等在西餐烹调中是很常见的香料。不同的香料在菜品制作中所起的作用也不尽相同。香料的基本作用包括去臭、赋香、辣味及着色四种。通常，新鲜的香料会被处理成干燥香料，由于去除了水分，其味道比新鲜香料更浓郁，因此，一汤匙的新鲜香料相当于一茶匙的干燥香料。香料的烹调用法取决于其本身的风味和类别，其使用的分量应酌情使用。以下介绍西餐常用的香料。

一、新鲜辛香料

西餐常用新鲜辛香料种类、特点及烹饪用途见表 6—1。

表 6—1　　西餐常用新鲜辛香料种类、特点及烹饪用途

香料名称	特点及烹饪用途	图示
百里香 (Thyme)	主要产地是地中海沿岸，其茎和叶含有丰富的芳香油，有含量达 0.5%的百里香酚成分。百里香的嫩茎及叶可用于调味（干鲜均可），是香料束中的原料之一 用于法式、英式、美式的汤、鱼、肉类菜肴。特别是制作烧仔羊肉和猪肉及在制作基础汤汁时必须使用百里香	

续表

香料名称	特点及烹饪用途	图示
香叶 (Bay Leaf)	原产于地中海地区的月桂树，叶长椭圆形，薄革质，揉碎后有清香气，味微苦。是香料中的原料之一 用途范围广泛，主要用于煮、焖和制作调味汁以及基础汤汁	
莳萝 (Dill)	原产于欧洲南部。叶数为羽状分裂，最终裂片呈狭长绒形。果实椭圆形，有广翅。果和叶都可做香料 主要用叶调味，常用于冷菜、汤菜及海鲜等	
牛至 (Oregano)	原产于西亚、欧洲、南亚。牛至具有强烈的香味和令人快意的苦味，其味道和番茄及干酪十分相配，意大利菜肴经常使用这种香草。牛至香味强烈，使用时注意控制用量 主要用于制作面食的调味汁、煮鱼、肉类等	
薄荷 (Mint)	原产于地中海地区及西亚。薄荷种类很多，一般叶片的形状有卵圆、椭圆形等；叶色有绿色、暗绿色和灰绿色等。具有特殊的芳香、辛辣感和凉感 主要用于薄荷少司、填充料、沙拉、精致西餐装饰	
罗勒 (Basil)	原产于亚洲和非洲的热带地区，产季为晚春或夏天，是现在意大利使用最多的香料。具有强烈的香味 常用于番茄类菜肴和汤类	

续表

香料名称	特点及烹饪用途	图示
迷迭香 (Rosemary)	产于法国、西班牙及葡萄牙，起源于地中海，现被广泛种植于欧洲和美国。其花、叶、茎都可提取芳香油。茎、叶都可用于调味，注意用量不要太多，避免味道过浓，以致会有苦味 主要用于肉馅、烤肉及焖肉等	
鼠尾草 (Sage)	产于地中海北部，叶子上有茸毛，具有强烈香味并使人有清凉感，有点苦涩味。其叶绿白相间，叶与嫩茎香味浓郁，可用于调味 主要用于填充馅中，特别是猪肉或鸭肉；也可用于炖及砂锅，可去除猪、羊的异味	
龙蒿 (Tarragon)	产于南欧，叶长扁状，干制后为绿色，可作为调味品，有很浓烈的香味和薄荷似的味感 用途广泛，主要用于禽类、汤类、鱼类菜肴，也可泡在醋里制成龙蒿醋	
香葱 (Chive)	产于欧洲，属于葱类，细长、中空，其花味道似玫瑰，叶如蒜味，类似韭菜花，味道鲜美、没有刺激性味道 可用于奶油汤、炒蛋、沙拉、开胃菜的装饰等	

续表

香料名称	特点及烹饪用途	图示
番芫荽 (Parsley)	原产于地中海，现广泛产于亚洲、南美洲、中东 在西餐中应用较广泛，其叶子可用于普通烹调，籽用于咖喱的原料或加入含酒精的饮料中	
大蒜 (Garlic)	原产地在西亚和中亚，自汉代张骞出使西域，把大蒜带回国安家落户，至今已有两千多年的历史 大蒜是人类日常生活中不可缺少的调料，在烹调鱼、肉、禽类和蔬菜时有去腥增味的作用，特别是在凉拌菜中，既可增味，又可杀菌	

二、干辛香料

西餐常用干辛香料种类、特点及烹饪用途见表6—2。

表6—2　　西餐常用干辛香料种类、特点及烹饪用途

名称	特点及烹饪用途	图示
胡椒 (Pepper)	原产于马来西亚、印度尼西亚、印度等地。胡椒按品质及加工方法的不同又可分为黑胡椒（Black Pepper）和白胡椒（White Pepper）。黑胡椒是用未成熟的或是行将落下的果实，经堆放发酵，再经暴晒，使其表皮皱缩变为黑而成。白胡椒是用成熟的果实，经流水浸泡，去除外皮，洗净晒干而成。优质的胡椒颗粒均匀硬实，香味强烈 烹饪用途广泛，主要用于肉类、汤类、海鲜类菜肴以及酱汁中	

续表

名称	特点及烹饪用途	图示
辣根 (Horseradish)	原产于欧洲南部，我国目前有少量栽培。可食部位为其变态的肉质根，长30～50厘米，根肉呈根色，水分少，有浓烈的辛辣味。辣根外皮厚硬，呈褐黄色 主要用于烧烤牛肉中	
藏红花 (Saffron)	又名番红花，原产于欧洲南部和小亚细亚地区。是世界上最贵的香料。花柱为橘黄色，约75 000花柱才一磅，使用时量不宜太多，会有药味 主要用于汤类、海鲜类、禽类等菜肴	
肉桂 (Cinnamon)	主要产于东南亚、地中海沿岸。肉桂含有1%～2%的挥发性肉桂油，具有芳香和刺激性甜味，并有凉感。是菌桂树的皮，通常为条状或粉状。优质的肉桂为淡棕色，有细纹，有光泽，用手折时松脆带响，指甲在腹面刮时有油渗出，表明其挥发油多，即是上品 主要用于烘焙，制作点心、米饭、鱼、鸡、火腿、腌制水果等	
丁香 (Clove)	原产于马来西亚半岛、印度尼西亚马鲁古群岛。干燥后的丁香为棕红色，长1.5～2厘米，基部渐狭小，下部呈圆柱形，萼管上端有4片花瓣，坚实而重，入水即沉，刀切面有油性，气味芳香微辛，以粗大、油性大者为佳品 主要用于烘焙、腌渍及烤焖类菜肴	

续表

名称	特点及烹饪用途	图示
红辣椒粉（Paprika）	主要产于匈牙利。用红色、果实大、味不辣、略甜的柿子椒晒干后制成粉 主要用于菜肴的调色、调味	
肉豆蔻（Nutmeg）	原产于印度尼西亚马鲁古群岛、马来西亚等地。干制后的肉豆蔻表面呈灰褐色，质地坚硬，切面可见大理石花纹。肉豆蔻气味芳香而强烈，味辛而微苦。优质肉豆蔻个大，沉重，香味明显。通常将其磨成粉末状使用，即为豆蔻粉 主要用于调肉馅，调制大小红肠，以及用作西点和土豆类菜肴的调料	
小茴香（Fennel）	原产于欧洲、地中海沿岸。果椭圆形，黄绿色。有特异茴香气，味微甜、辛 主要用于肉类、海鲜及烧饼等面食	

【注意事项】

（1）干辛香料易受潮、发霉，因此不要放在潮湿的地方储存。

（2）要用玻璃瓶或陶瓷罐保存，尽量不要用铁器物、纸袋、纸盒或塑胶制品储存香料。因为香料的挥发油容易与铁制品发生化学变化，而纸制品易吸潮，塑胶制品易因挥发油的渗透，使塑胶变软或释放出塑胶味。

（3）在瓶内加放干燥剂，也是延长干辛香料使用寿命的小技巧。

（4）冰箱也是绝佳的冷藏处，要用密封式的收纳盒，把香料瓶罐收在一起放进冰箱中。

第三节 调味用酒

酒在西餐中不但可以作为饮料，而且也是重要的调味品，在西餐烹调中有独特的作用，它可以除腥、解腻、增香，还可用于腌渍、焖制等烹调方法。西方国家的酒类品种繁多，性质各异，其中有一些还是世界上的名酒。酒按其加工方法的不同分为蒸馏酒、酿造酒、配制酒等，以下介绍几种西餐中常用的酒。

一、蒸馏酒类

1. 白兰地

白兰地

白兰地（Brandy）是由葡萄经过蒸馏和陈酿工艺制成的蒸馏酒，或由葡萄皮渣经过发酵和蒸馏工艺制成的酒，如右图所示。酒制成后呈无色液体，放入用橡木制成的大酒桶内，储存5年以上开始销售。储存时间越长，酒味越醇，因酒与木头接触而成金黄色。法国科涅克（Cognac，又译干邑）生产的白兰地是世界上最佳的白兰地品种。干邑白兰地用星数多少和英文字母来表示酒的年限，如3个星的为5年，最好的是用字母代表年限：V.O

表示 10～12 年，V. S. O 表示 12～20 年，V. S. O. P 表示 20～30 年，X. O 表示久远，但通常是由勾兑师勾兑而产生陈酿效果，并非每瓶酒都陈酿几十年。

除科涅克酒外，法国其他地区也产一些白兰地。此外，德国、意大利、希腊、西班牙、俄罗斯、美国、中国等地也都产白兰地。目前，我国烟台葡萄酒厂产的金奖白兰地为全国名酒，酒精含量为 40 度。

白兰地在西餐中使用非常广泛，如腌制肉类、冻肉批加工或煎扒肉类时，加入白兰地能去除异味，增加肉类的香味；在调制汁水时，将白兰地倒入锅内，令其沸腾会散发更浓的香味。

2. 威士忌

威士忌（Whisky）是一种谷物蒸馏酒，主要生产国大都是讲英语的国家，其中以苏格兰威士忌最负盛名。

威士忌是以大麦为原料，先在草灰上焙干（以避免发芽），然后经发酵蒸馏制成。苏格兰威士忌还讲究把酒储存在盛过西班牙雪利酒的木桶中，以吸收一些雪利酒的余香。陈酿 5 年以上的纯麦威士忌即可饮用，陈酿 7～8 年者为成品酒，陈酿 12～20 年者为优质成品酒，储存 20 年以上的威士忌质量下降，如下图所示。

威士忌

苏格兰威士忌具有独特的风味，其酒色棕黄带红，清澈透亮，气味焦香，略有烟熏味，口感甘洌、醇厚，劲足圆正、绵柔，并有明显的酒香气味。威士忌酒精含量一般都在 40 度以上，但很少超过 50 度。

除苏格兰威士忌外，较有名的还有爱尔兰威士忌，此外加拿大、美国也都产一些质量较好的威士忌。目前我国青岛产的威士忌已接近苏格兰威士忌的水平。

3. 金酒

金酒（Gin）又译为松子酒。金酒始创于荷兰，现在世界上流行的金酒有荷兰式金酒和英式金酒，如下图所示。

金酒

荷兰式金酒是以大麦、黑麦、玉米、杜松子及香料为原料，经过三次蒸馏再加入杜松子进行第 4 次蒸馏而制成。荷兰式金酒色泽透明清亮，酒香气味突出，风味独特，口味微甜，酒精含量为 52 度左右。

英式金酒又称伦敦干金酒，是用食用酒精和杜松子及其他香料共同蒸馏（也有将香料直接调入酒精内）制成。英式金酒色泽透明，酒香和调料香浓郁，口感醇美甘洌。

除荷兰式金酒和英式金酒外，欧洲其他一些国家也产金酒，但是没有以上两种酒有名。

4. 老姆酒

老姆酒（Rum）又可译成朗姆酒、罗木酒，是世界上消费量较大的酒品之一。主要生产地有牙买加、古巴、马提尼克岛、瓜得罗普岛、特立尼达和多巴哥、海地等，如下图所示。

老姆酒

老姆酒是以甘蔗为原料，经酒精发酵、蒸馏取酒后，再放入橡木桶内陈酿一段时间制成，其酒精含量不等，一般为 40～50 度。

二、酿造酒类

1. 葡萄酒

葡萄酒（Grape Wine）在世界酒类中占重要地位。据不完全统计，世界各国用于酿酒的葡萄园种植面积达十几万平方千米。世界上以生产葡萄酒著名的国家有法国、意大利、西班牙、葡萄牙、德国、瑞士、南斯拉夫，匈牙利、中国、美国等，其中最负盛名的是法国勃艮第酒系（Bourgogne），名牌产品不下几十种，如下图所示。

葡萄酒

葡萄酒中最常见的有红葡萄酒和白葡萄酒，酒精含量一般在 10～20 度。

（1）红葡萄酒（Red Wine）简称红酒，是用颜色较深的红葡萄或紫葡萄酿制的。酿造时果汁果皮一起发酵，所以颜色较深，分甜型和干型两种。烹调中多使用干型酒，在制作肉类、禽类及野味类菜肴中使用非常普遍，可去除原料不良的气味，增加菜肴的浓香味。但红葡萄酒不宜与鱼类、蛋品及鲜蚝等原料搭配。

（2）白葡萄酒（White Wine）是用青黄色的葡萄为原料酿造的，在酿造过程中去除果皮，所以颜色较浅。白葡萄酒干型的较多，清冽爽口，适宜吃海鲜类菜肴时饮用。烹调中使用广泛，常用于烹制海鲜类或牛仔肉及鸡肉类等白汁类菜式，能去除原料不良气味，突出鲜美的原味，如“白酒青口”“白酒汁石斑”等。烹调时最好选用干型白葡萄酒，这类白酒含有较高的酸度，调成的菜式格外清香。

2. 香槟

香槟酒（Champagame）是用葡萄酿造的汽酒，也可以算作葡萄酒类，是一种非常名贵的酒，有“酒皇”之美称。

香槟酒原产于法国北部的香槟地区，是 300 年前由一个叫唐佩里尼翁的教士首先发明的，该酒讲究采用不同品种的葡萄为原料，经发酵、勾兑、陈酿转瓶、换塞填充等工序制成，一般需要3年的时间才能饮用，以6～8年的陈酿香槟最佳。香槟酒色泽金黄透明，味微甜酸，果香大于酒香，缭绕不绝。口感清爽纯正，不冲头，不上脸，各种味觉恰到好处，酒精含量为11度左右，有干型、半干型、甜型之分，其糖分分别为1%～2%、4%～6%、8%～10%，如下图所示。

香槟

香槟酒多用于鱼虾等海鲜类菜肴，配海鲜类的汁用香槟调制将更加美味可口，如“扒大虾香槟汁”等。

三、配制酒类

1. 雪利酒

雪利酒（Sherry）又译为谢里酒，主要产于西班牙的加的斯。雪利酒以加的斯所产的葡萄酒为酒基，勾兑当地的葡萄蒸馏酒，采用逐年换桶的方式陈酿15～20年，其风格特点可达到顶点，如下图所示。

雪利酒常用来佐餐甜食，或用于清汤类的调味，特别是牛肉清汤，加入雪利酒后清香无比，更能凸显出牛肉的香味。雪利酒可分为两大类，即菲奴和奥罗露索。菲奴雪利酒色泽淡黄明亮，是雪利酒中最淡者，香味优雅清新，口味甘洌、清淡、新鲜、爽快，酒精含量为15～17度。奥罗露索雪利酒是强香型酒品，色泽金黄或棕红，透明

雪利酒

度好，香气浓郁，有核桃仁似的香味，口味浓烈、柔绵，酒体丰富圆润，一般在 18～20 度，少数有达 25 度的。

2. 钵酒

钵酒（Port Wine）原名为波尔图酒，产于葡萄牙的杜罗河一带，在波尔图储存销售，如下图所示。

钵酒

钵酒是由葡萄原汁酒与葡萄蒸馏酒勾兑而成的，在生产工艺上借鉴了不少威士忌酒的酿造经验。钵酒可分为黑红、深红、宝石红、茶红 4 种类型。

钵酒可作为甜食酒饮用，烹调中常用于野味菜肴及汤类，烹制腌制肝类菜肴时，更是不可缺少，它能去除肝的异味，增加肝的独特香味。

3. 玛德拉酒

玛德拉酒（Madeira）主要产于大西洋的玛德拉岛上，玛德拉酒是用当地产的葡萄酒和葡萄蒸馏酒为基本原料，经勾兑陈酿制成，酒精含量多在16～18度，既可作开胃酒，也可为甜食酒，如右图所示。在烹调中常用于牛肉、小牛肉及肝类菜肴。

玛德拉酒

4. 茴香酒

茴香酒（Anisette）主要产于欧洲一些国家，以法国产的最为著名。茴香酒是用茴香油与食用酒精或蒸馏酒配制而成的。茴香油一般从八角或青茴香中提取，含有较多的苦艾素，有一定的刺激性。茴香酒的酒精含量一般在25度左右，如下图所示。

茴香酒

茴香酒有淡黄色和白色两种，其中较常见的有法国的Pernod（培诺），淡黄色；Berger、Blanu（白羊倌），白色。茴香酒常用于海鲜菜肴的调味汁，并可作餐前的开胃酒。

思考与练习

1. 西餐常用的新鲜香料有哪些？请说明其产地、特点及烹饪用途。
2. 酒类按其加工方法的不同可分为哪几类？代表品种有哪些？
3. 西餐常用于调味的酒有哪些？